VR 交互基础 案例教程

主　编　陈海斌　朱根升　徐长存
副主编　王瑞君　赖达敏
参　编　谢圣飞　顾峥波　侯哨勇
　　　　郑　广　王　静

南京大学出版社

图书在版编目（ＣＩＰ）数据

VR 交互基础案例教程 / 陈海斌，朱根升，徐长存主
编 . -- 南京 : 南京大学出版社 , 2023.6
ISBN 978-7-305-25409-3

Ⅰ . ① V… Ⅱ . ①陈… ②朱… ③徐… Ⅲ . ①虚拟现
实—教材 Ⅳ . ① TP391.98

中国版本图书馆 CIP 数据核字（2022）第 028645 号

出版发行　南京大学出版社
社　　址　南京市汉口路 22 号　　邮　编　210093
出 版 人　金鑫荣

书　　名　VR 交互基础案例教程
主　　编　陈海斌　朱根升　徐长存
责任编辑　刁晓静

照　　排　南京新华丰制版有限公司
印　　刷　徐州大华快速印刷有限公司
开　　本　889×1194　1/16　印张 8.5　字数 280 千
版　　次　2023 年 6 月第 1 版　2023 年 6 月第 1 次印刷
ISBN　978-7-305-25409-3
定　　价　58.00 元

网址：http://www.njupco.com
官方微博：http://weibo.com/njupco
微信服务号：njuyuexue
销售咨询热线：（025）83594756

中高职贯通数字媒体专业（VR方向）一体化教材套书
编写委员会

主　　任　陈云志(杭州职业技术学院)

副 主 任（排名不分先后）

　　　　俞佳飞（浙江省教育科学研究院）

　　　　陈佳颖（浙江建设职业技术学院）

　　　　单淮峰（温州市教育教学研究院）

　　　　苏东伟（宁波市职业与成人教育学院）

秘 书 处（排名不分先后）

　　　　张继辉（杭州市临平区教育发展研究学院）

　　　　陈　伟（余姚市第四职业技术学校）

　　　　罗　杰（杭州楚沩教育科技有限公司）

编委会成员（排名不分先后）

俞佳飞（浙江省教育科学研究院）

陈佳颖（浙江建设职业技术学院）

蔡文彬（南京大学出版社）

陈云志（杭州职业技术学院）

单淮峰（温州市教育教学研究院）

苏东伟（宁波市职业与成人教育学院）

莫国新（湖州市教育局职教教研室）

鲁晓阳（杭州市中策职业学校）

张继辉（杭州市临平职业高级中学）

陈　伟（余姚市第四职业技术学校）

张德发（台州职业技术学院）

佘运祥（杭州市电子信息职业学校）

王恒心（温州市职业中等专业学校）

余劲松（宁波市职业技术教育中心学校）

李淼良（绍兴市柯桥区职业教育中心）

褚　达（UE4教育总监）

史　巍（福建省华渔教育科技有限公司）

文桂芬（上海曼恒数字技术股份有限公司）

罗　杰（杭州楚沩教育科技有限公司）

欧阳斌（福建省华渔教育科技有限公司）

孙　晖（上海曼恒数字技术股份有限公司）

前　言

党的二十大报告中指出"推动战略性新兴产业融合集群发展，构建新一代信息技术、人工智能、生物技术、新能源、新材料、高端装备、绿色环保等一批新的增长引擎"。VR（Virtual Reality）虚拟现实作为新一代信息技术，为我们带来了前所未有的沉浸式体验。它广泛应用于教育、医学、军事航天、房产设计开发、工业仿真、应急推演、娱乐等领域，其利用电脑模拟产生一个三维空间的虚拟世界，提供使用者关于视觉、听觉、触觉等感官的模拟，可以及时、互动、没有限制地观察三维空间内的事物，正是VR内容和交互方式共同配合完成，从而实现沉浸感。

本教材贯彻落实党的二十大精神，面向中等职业学校及技工院校数字媒体技术应用、虚拟现实技术应用专业的学生或读者，旨在让学生、读者通过学习掌握VR虚拟现实基础知识，学会使用Unity软件建模、创建三维场景、unity图形界面设计系统、Mecanim动画系统及unity脚本程序基础等，培育新一代信息技术人才，促进数字经济和实体经济深度融合。

本书编写特点如下：

一、项目导向，任务驱动

坚持"立德树人"，注重"课程思政"建设，全面融入党的二十大精神。根据中职学校、技工类院校学生的认知特点，本书有机融入党的二十大精神，并始终贯穿项目式教学思想，采用项目导向、任务驱动的体例编写。全书共四个项目，各项目目标明确、要点清晰，每个项目由3-5个子任务组成，知识、技能与项目任务紧密结合。通过项目任务的学习，能帮助读者快速地掌握完整的知识体系与操作技能，对初学者大有裨益。

二、图文并茂，通俗易懂

本书内容的呈现方式符合读者的认知特点，图文结合、结构清晰，以图说话，并用通俗易懂的语言、精简的文字进行描述，尽量避免使用各种晦涩难懂的专业术语，知识与技能清晰明了，方便读者的阅读与理解。

三、项目实用，拓展性强

全书的编写坚持守正创新和系统观念，通过多个实用的项目，循序渐进、由浅入深地讲解unity相关知识，通过学练结合，掌握Unity安装、新建、导入、调试等，实现人物在场景中漫游、人物移动交互效果等操作技能，教材的实用性与拓展性强。

四、丰富的配套资源

本书同时配套学习资料及相应的素材文件。需要特别说明的是，本书中有个别案例图片来源于网络，因受资料来源限制，未能一一标明作者，仅用于教学实践，在此谨向这些作者表示深深的感谢。

本教材由陈海斌、朱根升、徐长存担任主编，王恒心担任主审。在编写过程中，得到温州市教育教学研究院单淮峰主任、余姚市第四职业技术学校陈伟特级教师等专家提供专业建议和大力支持，在此一并表示感谢。

由于VR虚拟现实技术的发展迅猛，编者水平有限，欢迎广大读者、专家、教师和学生对书中存在的问题提出宝贵意见和建议，以便我们进一步加以改进。

编者

2022年5月

目　录

项目1　人物移动——基础知识

项目目标：

　　本项目旨在平面场景中，利用键盘WSAD使人物能够前、后、左、右移动，掌握Unity安装、新建、导入、添加、脚本创建、脚本编辑、导出等操作技能，实现人物移动交互效果。

项目要点：

◆ 搭建环境——Unity安装
◆ 集成环境——导入和添加素材
◆ 调试代码——创建C#Script和编辑C#Script

任务1 搭建环境

【任务描述】

本任务介绍如何快速安装Unity软件，通过本任务学习能够独立搭建Unity环境。

【项目描述】

任务目标：搭建Unity环境
安装Unity软件

【学习思路】

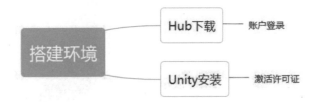

想一想
　　如何下载Unity？

_____

_____

_____

_____

【学习过程】

搭建Unity集成开发环境需要下载和安装Unity软件。

登录Unity官方网站http://unity.cn，如图1-1-1所示，单击"下载Unity"按钮，在打开的界面中单击"所有版本"，如图1-1-2所示。

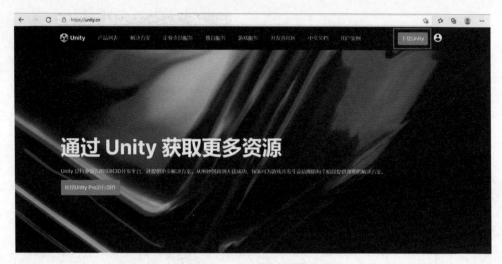

图1-1-1　Unity官方下载

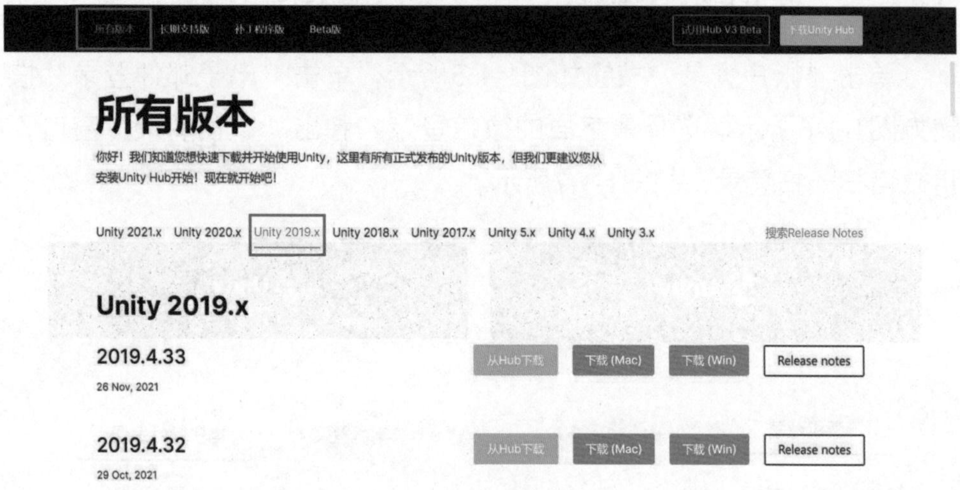

图1-1-2　版本所示

在打开的界面中单击Unity2019.x，选择2019.4.32版本，单击“从Hub下载”按钮，弹出“提示”窗口，如图1-1-3所示。选择计算机系统平台，本教材以Windows为例，单击“Windows下载”按钮，弹出“登录”窗口，如图1-1-4所示。

读书笔记

想一想

从Hub下载和直接下载有什么区别?

图1-1-3　下载提示　　　　图1-1-4　登录

　　单击"帐户登录"按钮如图1-1-5所示，单击"电子邮件登录"按钮如图1-1-6所示，选择最下面的微信登录，弹出"微信登录"窗口，用微信扫一扫登录，如图1-1-7所示。

图1-1-5　帐户登录界面　　图1-1-6　电子邮件登录界面

图1-1-7　微信登录

　　登录成功后，再次选择2019.4.32版本，单击"从Hub下载"按钮下载Unity Hub Setup.exe。双击下载的Unity Hub Setup.exe安装程序，弹出"Unity Hub安装"窗口（许可协议），如图1-1-8所示，单击"我同意"弹出"选定安装位置"窗口，设置目标文件夹，单击"安装"，如图1-1-9所示。

问题摘录

_____

_____

_____

_____

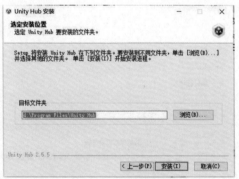

图1-1-8　许可协议　　　　　　　图1-1-9　选定安装位置

　　完成安装后，单击桌面"Unity Hub"程序 ，弹出如图1-1-10所示窗口。

图 1-1-10　Unity Hub界面

　　单击"Unity Hub界面"右上角"偏好选项"按钮如1-1-11，进入"偏好选项"界面，如图1-1-12所示。

图1-1-11　偏好设置

图1-1-12　偏好选项界面

单击左侧"许可证管理"，再单击"手动激活"按钮，如图1-1-13所示。

图1-1-13　许可证管理

单击右上角"激活新许可证"按钮，许可协议选择"Unity个人版"，点击"完成"，如图1-1-14所示。激活成功，如图1-1-15所示。

想一想
Unity个人版与Unity加强版或专业版有什么区别？

_____
_____
_____
_____
_____

图1-1-14　激活新许可证

图1-1-15　激活成功

　　返回主界面，单击左侧"安装"选项，再单击右侧"安装"按钮，弹出"添加Unity版本"窗口，勾选"Unity 2019.4.33f1c1（LTS）"版本，单击"下一步"，如图1-1-16所示。

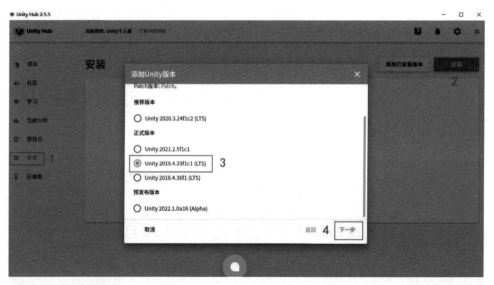

图1-1-16　添加Unity版本

　　在"最终用户许可协议"窗口，勾选"我已阅读并同意上述条款和条件"并单击"完成"，如图1-1-17所示。

图1-1-17　最终用户许可协议

安装界面自动下载用户选定的Unity版本，如图1-1-18所示。

图1-1-18　下载Unity

想一想
　　安装前、安装中、安装后Unity安装界面有什么不同?

_____

_____

_____

_____

下载完成系统自动安装Unity即完成安装，如图1-1-9所示。

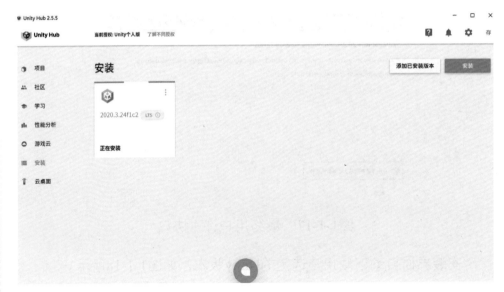

图1-1-19　安装Unity

_____

_____

_____

_____

【任务小结】

通过任务1的学习，我知道了_____，

学会了运用_____。

【自我评价】

说明：满意20分，一般10分，还需努力5分。

完成本任务学习后，请同学们在相应评价项打"√"，完成自我评价。并通过评价肯定自己的成功，弥补自己的不足。

	任务完成	问题解答	笔记补充	技能迁移	团队合作
满意（20）					
一般（10）					
努力（5）					

任务2　集成环境

【任务描述】

本任务介绍如何导入素材并将素材添加到场景中，通过本任务学习能够搭建环境。

【项目描述】

任务目标：导入素材、添加素材

搭建Unity环境设置

【学习思路】

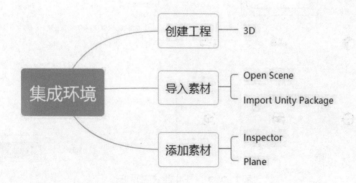

【学习过程】

启动Unity软件，如图1-2-1所示。

想一想
　　启动Unity有几种方法？
＿＿＿＿＿＿＿
＿＿＿＿＿＿＿
＿＿＿＿＿＿＿
＿＿＿＿＿＿＿

图 1-2-1　Unity Hub界面

单击右上角"新建"按钮，弹出"创建新项目"窗口，模板选择"3D"选项，将其重命名为"项目一"，位置设置为"D：\"，最后单击"创建"按钮，完成项目创建并进入Unity集成开发环境，如图1-2-2所示。

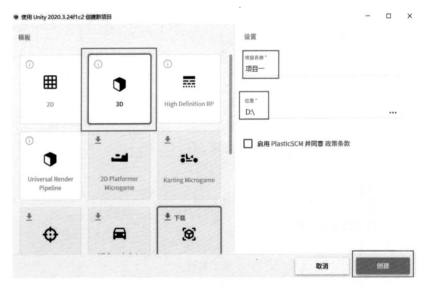

图1-2-2　创建新项目

想一想
　　其他模板的用途是什么？
＿＿＿＿＿＿＿
＿＿＿＿＿＿＿
＿＿＿＿＿＿＿
＿＿＿＿＿＿＿

单击选择菜单File→Open Scene命令，如图1-2-3所示。

进去Load Scene窗口，找到相应文件，选择"unity_assets_1"文件，单击"打开"，如图1-1-4所示。

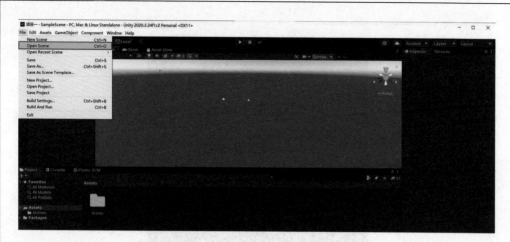

图1-2-3　启动Asset Store

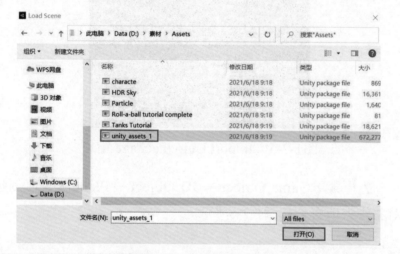

图1-2-4　Load Scene窗口

想一想
　打开工程的快捷键是什么？

　　自动弹出Import Unity Package 窗口，如图1-2-5所示，单击Import按钮，将场景载入当前的工程中。

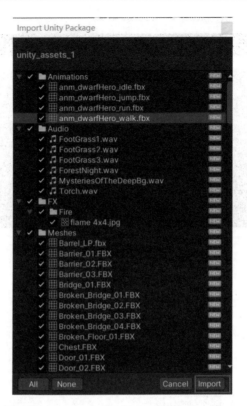

图1-2-5　Import Unity Package 窗口

单击选择菜单Game Object→3D Object→Plane命令，创建一个Plane对象作为地面，如图1-2-6所示。

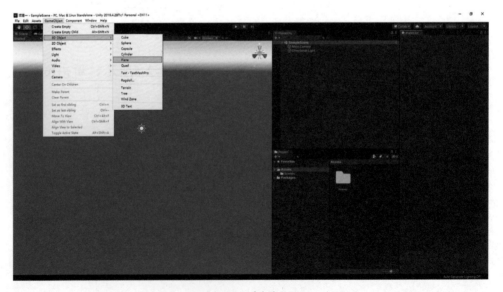

图1-2-6　创建Plane

在Hierarchy窗口选择Plane对象，在Inspector视图中，修改Scale中X为50、Z为50，通过鼠标调整视图位置，如图1-2-7所示。

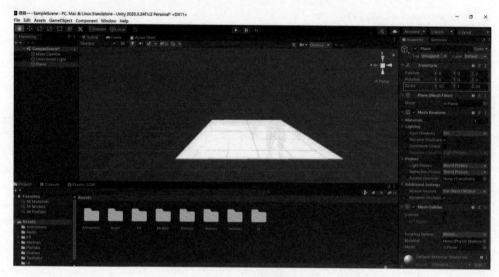

图1-2-7 调整Plane

在Project视图中选择Meshes目录dwarf_hero，按住鼠标左键不放，将其拖曳至Scene视图中，并在Inspector视图中调整人物参数，具体如图1-2-8所示。

图1-2-8 添加人物

想一想
　地面参数Y为什么是1？

_____

_____

_____

_____

问题摘录

_____

_____

_____

_____

单击选择菜单File→Save As，如图1-2-9所示。文件名重命名为"RW"。

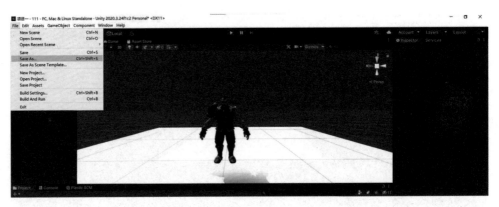

图1-2-9　Save As

_____

_____

_____

_____

【任务小结】

通过任务2的学习，我知道了_____，
学会了运用_____。

【自我评价】

说明：满意20分，一般10分，还需努力5分。

完成本任务学习后，请同学们在相应评价项打"√"，完成自我评价。并通过评价肯定自己的成功，弥补自己的不足。

	任务完成	问题解答	笔记补充	技能迁移	团队合作
满意（20）					
一般（10）					
努力（5）					

任务3　调试脚本

【任务描述】

本任务介绍如何创建脚本并实现人物移动，通过本任务学习让人物上下左右移动。

【项目描述】

| 任务目标：创建C#、编辑C# |
| 通过C#实现人物移动 |

【学习思路】

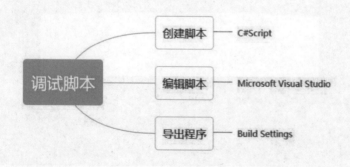

【学习过程】

打开"rw"工程文件启动Unity软件，如图1-3-1所示。

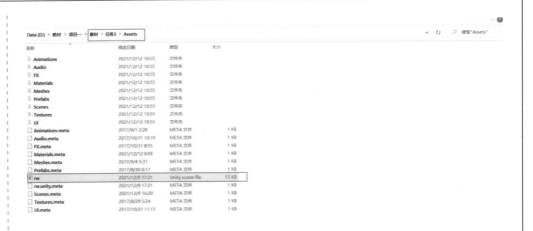

图1-3-1　打开工程

单击Gizmo的轴将Scene视图切换到前视图，用鼠标滚轮将对象缩放相应大小，如图1-3-2所示。

单击Gizmo的右上角锁 ▣ ，锁定后，场景的视角就不能旋转与切换。

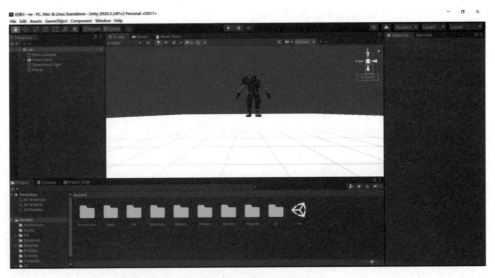

图1-3-2　切换人物视角

在Hierarchy视图中，单击dwarf_hero对象，在右侧Inspector面板中，设置Rotation Y为180，将人物对象反转，如图1-3-3所示。

图1-3-3　人物Rotation设置

想一想
Rotation中X、Y、Z分别表示什么意思？
_____
_____
_____
_____
_____

单击Project视图中Assets，在Assets面板中用鼠标右击，在弹出的快捷菜单中选择Create→C#Script命令创建脚本，如图1-3-4所示。

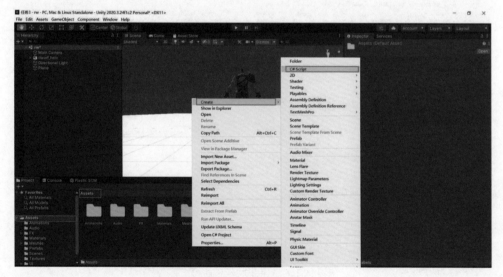

图1-3-4　创建C#Script

想一想
创建C#Script脚本还有哪些其他方法？
_____
_____
_____
_____

新建的脚本文件会出现在Project视图中，将新建C#Script脚本重命名为"Move"，如图1-3-5所示。

图1-3-5　重命名C#Script

　　在Project视图中双击脚本，启动Microsoft Visual Studio脚本编辑窗口，如图1-3-6所示。

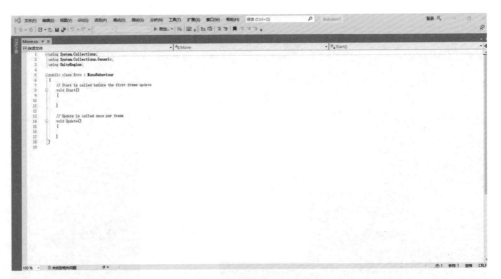

图1-3-6　脚本编辑窗口

在Microsoft Visual Studio脚本编辑窗口输入以下代码：

```
if (Input.GetKey(KeyCode.W))
{
    transform.Translate(Vector3.forward);
}
if (Input.GetKey(KeyCode.S))
```

```
        {
            transform.Translate(Vector3.back );
        }
        if (Input.GetKey(KeyCode.A))
        {
            transform.Translate(Vector3.left);
        }
        if (Input.GetKey(KeyCode.D))
        {
            transform.Translate(Vector3.right);
        }
```

如图1-3-7所示。

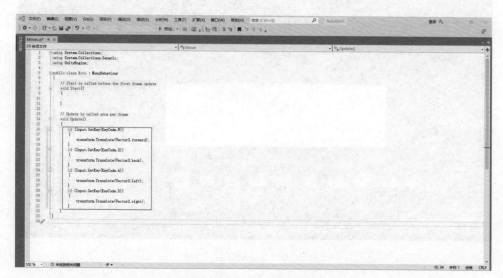

图1-3-7　编辑脚本

单击Microsoft Visual Studio菜单中"文件"→"保存Move.cs"命令，保存脚本文件，如图1-3-8所示。

C#Script脚本会同步到Unity中，如图1-3-9所示。

知识点拨

脚本编辑完成后，如Unity下面出现一段红色警告代码，则表示代码有误。

021

_____

_____

_____

_____

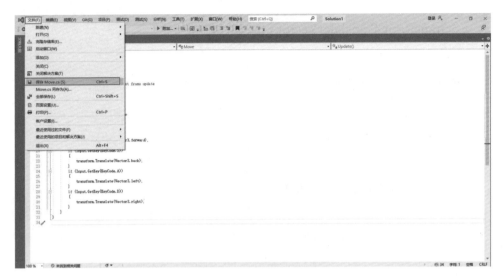

图1-3-8　保存脚本

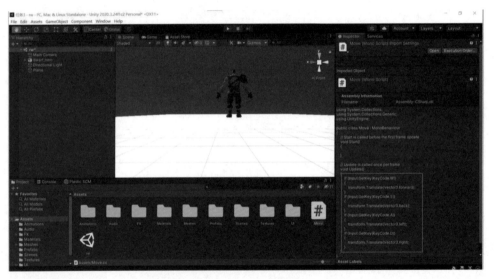

图1-3-9　C#Script脚本

在Hierarchy视图中，单击选择"dwarf_hero"对象，将"Move"C#Script文件拖曳到Inspector面板中，如图1-3-10所示。

图1-3-10　运用脚本代码

单击 Game 切换到Game视图，单击播放按钮 。在Game视图，运用键盘W、S、A、D键可以实现人物前、后、左、右移动，如图1-3-11、1-3-12所示。

图1-3-11　人物移动

图1-3-12　人物移动

保存项目和场景文件，单击菜单中"File"→"Build Settings"命令，打开如图1-3-13所示的设置窗口。

图1-3-13　Build Settings窗口

在Build Settings窗口Platform中选择相应发布平台，单击"Build"弹出Build Windows窗口，设置发布程序的路径，创建文件名称，如图1-3-14所示。

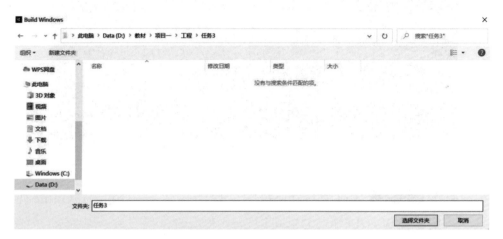

图1-3-14　Build Windows窗口

打包完成后，在保存的路径会生成一个.exe的可执行文件，如图1-3-15所示。

图1-3-15　可执行文件目录

运行"任务3.exe"可执行文件，通过键盘W、S、A、D键即可在电脑上实现人物移动效果。

【任务小结】

通过任务3的学习，我知道了________________，学会了运用____________。

【自我评价】

说明：满意20分，一般10分，还需努力5分。

完成本任务学习后，请同学们在相应评价项打“√”，完成自我评价。并通过评价肯定自己的成功，弥补自己的不足。

	任务完成	问题解答	笔记补充	技能迁移	团队合作
满意（20）					
一般（10）					
努力（5）					

问题摘录

____

____

____

____

项目2 迷宫寻宝——场景创建

项目目标：

Unity2019提供了多种基本建模的方式。本项目通过"迷宫寻宝"场景中的地面、墙、金币等对象制作，掌握3D基本建模、预制体、父子对象、添加材质等操作技能，搭建迷宫寻宝场景。

项目要点：

◆ 制作迷宫地面和墙——平面Plane、立方体Cube、预制体、父子对象、材质

◆ 制作宝藏金币——圆柱体Cylinder、触发器、Time类

◆ 制作游戏玩家——胶囊Capsule、刚体、Vector3类、虚拟轴、标签

◆ 添加文字和声音——3D Text文字、声音

任务1　制作迷宫地面和墙

【任务描述】

图2-1-1　迷宫模型效果图

任务目标：学习平面Plane和立方体Cube基本建模

学习预制体Prefab的使用

学习父子对象的使用

学习给对象添加材质

【建模思路】

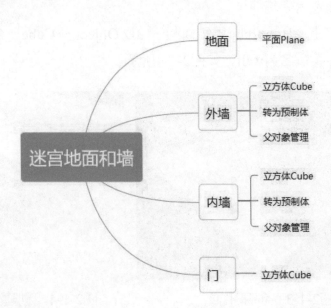

【操作步骤】

迷宫结构：分为地面、迷宫外墙、迷宫内墙、迷宫门等。

1. 新建项目

启动Unity Hub，设置项目相关信息，如图2-1-2所示。

参数解密

　　若勾选选项

☑ 启用PlasticSCM (Unity项目版本控制系统) 详情介绍

可以通过 Hub 在创建项目的时候将项目托管到云端版本后台。

027

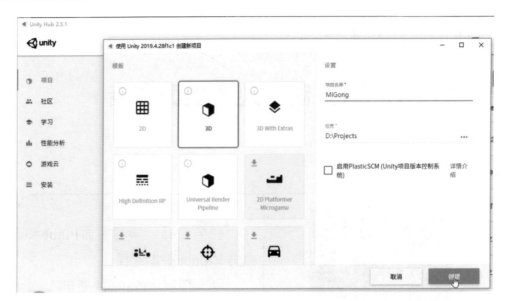

图2-1-2　新建项目

2. 制作迷宫地面

鼠标点击"Hierarchy层级面板→Game Object→3D Object→Plane"命令创建一个平面，并命名为Ground，如图2-1-3所示。

3. 制作迷宫外墙

鼠标点击"Hierarchy层级面板→3D Object→Cube"命令创建一个立方体，并命名为wall，如图2-1-4所示。

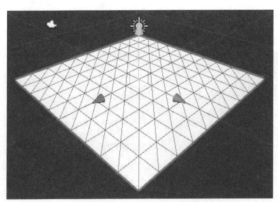 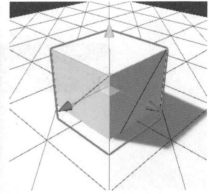

图2-1-3　创建平面　　　　图2-1-4　创建立方体

在"Project"面板中Assets目录下新建文件夹"Prefabs"，将立方体wall拖曳到文件夹"Prefabs"中转化为预制体，如图2-1-5所示。

图2-1-5　拖曳创建预制体

　　选中wall，按"W"键，激活移动，将其移动到地面Ground的角上。为了定位准确，可以利用顶点吸附方式移动，如图2-1-6所示。

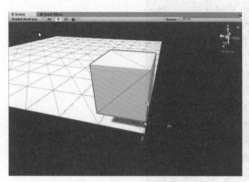 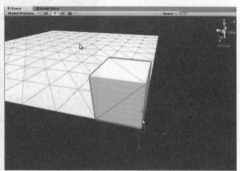

图2-1-6　顶点吸附摆放

　　选中wall，按"Ctrl+D"键，复制并移动到合适的位置上。重复上面的操作，将Ground的一边摆满，并加高一层，如图2-1-7所示。

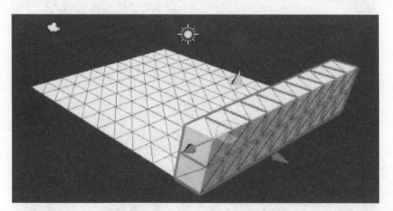

图2-1-7　外围墙一侧制作

wall立方体比较多，为了更好管理，在"Hierarchy"层级面板中新建一个空对象"Create Empty"，命名为Walls01，将刚才建立的所有立方体都选中后，拖曳到Walls01下，成为Walls01的子对象，如图2-1-8所示。

选中Walls01，按"Ctrl+D"键，复制并命名为Walls02，移动到合适的位置上，形成另一面墙，如图2-1-9所示。

图2-1-8 父子对象

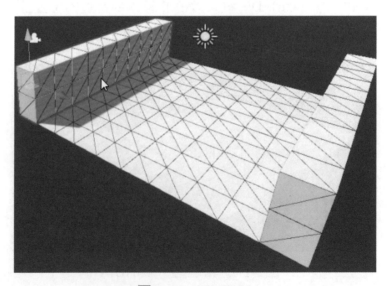

图2-1-9 Walls02

选中Walls01，按"Ctrl+D"键，复制并命名为Walls03，选择其中边上的4个立方体，将它们删除，将Walls03绕Y轴旋转90度后，移动到合适的位置上，形成第3面墙，如图2-1-10所示。

想一想
　　为什么要删除边上的4个立方体？

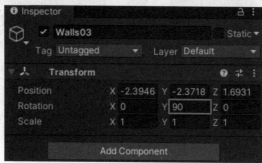

图2-1-10　Walls03

选中Walls03，复制并命名为Walls04，移动形成第4面墙。新建一个空对象并重命名为Walls_out，将Walls01、Walls02、Walls03、Walls04拖入成为子对象，如图2-1-11所示。

技能提示
　　当有其他对象挡视线干扰我们摆放对象时，可以点击　图标变为　图标，暂时在场景中不显示该对象

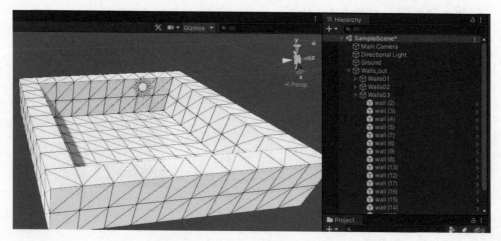

图2-1-11　外墙Walls_out

4.　制作迷宫内墙

　　新建立方体Cube命名为wall_in，拖入"Project层级面板→Assets→Prefabs"生成预制体wall_in。新建空对象并重命名为Walls_in，将wall_in拖入变为其子对象。复制多个wall_in预制体实例，摆放成内墙，新建空对象重命名为Walls_all，将Walls_in和Walls_out拖入变为其子对象，如图2-1-12所示。

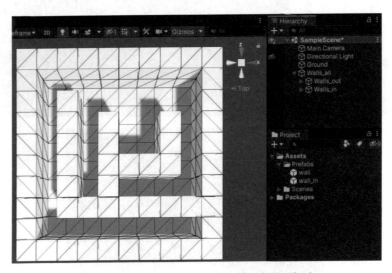

图2-1-12　Walls_all迷宫内墙和外墙

5.　制作迷宫出口小门

　　新建空对象并重命名为Door，将Door拖入"Walls_all→Walls_out→Walls01"，成为其子对象，如图2-1-13所示。

　　选择Walls01中合适的4个立方体拖入Door，成为其子对象，组成迷宫出口石门，如图2-1-14所示。

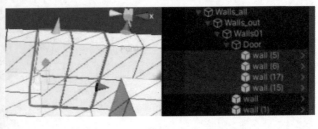

图2-1-13　拖曳Door　　　　　　图2-1-14　Door子对象

6. 给各对象附加材质

在"Project面板→Assets"下新建文件夹Materials，存放材质球，新建文件夹Scripts，存放脚本。

导入素材，将素材文件夹"SuCai"拖入"Project层级面板→Assets"下，如图2-1-15所示。

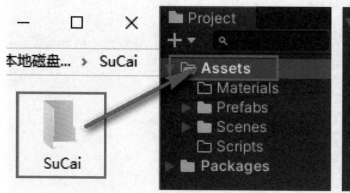

图2-1-15　导入素材

打开"Project层级面板→Assets→Prefabs"，选中预制体wall，Inspector面板找到"Mesh Renderer"组件的"Default-Material"选项，如图2-1-16所示。

图2-1-16　设置预制体wall

想一想

Project层级面板里的目录结构和硬盘上的文件目录结构是一致对应的吗？

_____

_____

_____

想一想

对预制体wall设置，所有应用预制体wall搭建的外墙会改变吗？

_____

_____

_____

想一想

将材质球拖到按钮"Add Component"上，能给对象添加材质吗？

_____

_____

_____

点击"Project面板→Assets→SuCai→Materials→wall04",显示材质球"wall04",将材质球拖入刚才打开的预制体wall的"Default-Material"选项上,如图2-1-17所示。

图2-1-17　材质球拖入

参照上面的方法,给内墙预制体wall_in附材质wall11,给地面Ground附材质wall18,效果如图2-1-18所示。

放大迷宫地面。选定地面Ground,在Inspector面板→Transform组件中,修改缩放Scale属性,X值为2,Z值为2,如图2-1-19所示,迷宫效果如图2-1-20所示。

知识链接:
"Scene"面板中勾选"Shaded→Shading Mode→Shaded"选项,关闭对象的框线显示,如下图所示。

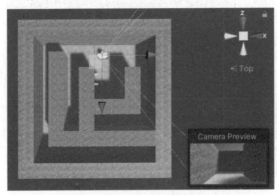

图2-1-18　附加材质效果　　　　　图2-1-19　缩放

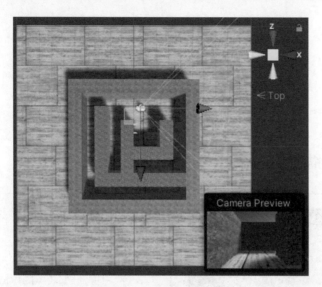

图2-1-20　迷宫效果

想一想
　　框线是否显示对项目运行后的Game视图有何影响?

【任务小结】

通过任务1的学习，我知道了＿＿＿＿＿＿＿＿＿＿＿＿＿＿，学会了运用＿＿＿＿＿＿＿＿＿＿＿。

【自我评价】

说明：满意20分，一般10分，还需努力5分。

完成本任务学习后，请同学们在相应评价项打"√"，完成自我评价。并通过评价肯定自己的成功，弥补自己的不足。

	任务完成	问题解答	笔记补充	技能迁移	团队合作
满意（20）					
一般（10）					
努力（5）					

知识链接
　　通过操作鼠标微调参数，把鼠标移动到Transform组件X轴的"X上"，鼠标指针会变为 ，按住左键左右拖动鼠标可以调节X的参数大小。

任务2 制作宝藏金币

【任务描述】

图2-2-1 宝藏金币模型效果图

任务目标:
学习圆柱体CyLinder基本建模
学习预制体Prefab的使用
学习父子对象的使用
学习给对象添加材质

【建模思路】

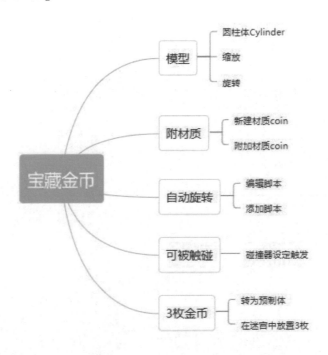

【功能简介】

金币自动旋转，被碰撞后销毁自己，金币消失。

【操作步骤】

1. 制作金币模型

暂时关闭内墙和外墙在场景中的显示，如图2-2-2所示。

在"Hierarchy"层级面板中右键弹出菜单，鼠标点击"3D Object→Cylinder"命令创建一个圆柱体，并命名为coin，如图2-2-3所示。

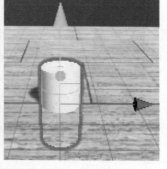

图2-2-2　不显示墙　　　　　　图2-2-3　创建圆柱体

对coin对象Transform组件复位，显示在场景中心，如图2-2-4所示。

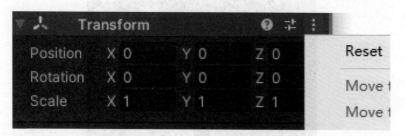

图2-2-4　重置复位

通过缩放，旋转X轴，调整coin位置和大小，如图2-2-5所示。

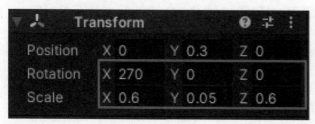

图2-2-5　调整对象

操作小技巧

场景中对象较多挡住操作时，可以暂时关闭其他对象显示。此时在Scene视图中不显示，在Game视图中依然可见。

技能提示

Reset复位操作可以重置组件参数回到初始化状态。通过对Transform组件复位可以把对象快速重置并定位到场景中心位置（0,0,0）

知识链接
　　将材质球添加
到圆柱体上，以下
3种方法都可以：
选中材质球后，从
"Project面板"拖
动到：
① "Scene面板"中
对应对象上；
② "Hierarchy层级
面板"中对应对象
上；
③ "Inspector面
板"中对应组件
上。

2. 添加材质

　　选中"Project面板 → Assets → Materials"，右击弹出菜单
"Create→Material"，在"Assets→Materials"文件夹中新建材质球
"New Material"，重命名为"coin"。如图2-2-6所示。

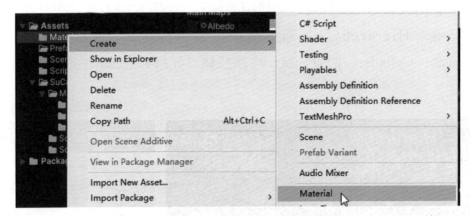

图2-2-6　新建材质球

修改材质球"coin"颜色为黄色，如图2-2-7所示。

图2-2-7　修改颜色

将材质球"coin"添加到圆柱体"coin"上，如图2-2-8所示。

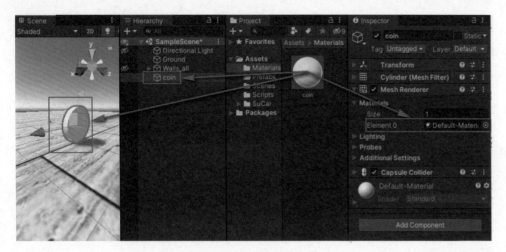

图2-2-8　添加材质

3. 金币自动旋转

使用脚本控制对象，让金币在游戏中自动旋转。

选中"Project面板 → Assets → Scripts"，右击弹出菜单"Create → C# Script"，新建C#脚本"CoinControl"，如图2-2-9所示。

图2-2-9　新建C#脚本

脚本部分代码如下：

```
public class CoinControl : MonoBehaviour
{
    void Update()
    {
        //金币自转，每秒转动90度
        transform.Rotate(Vector3.forward*90*Time.deltaTime);
    }
}
```

给对象"coin"添加脚本"CoinControl"，如图2-2-10所示。

代码提示

　　素材文件夹
"SuCai→Scripts"
中附带"CoinControl
_01"脚本，内含
本小节完整代码。

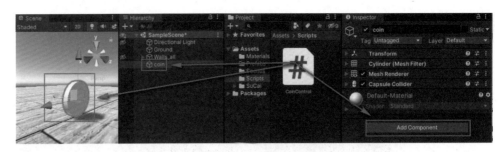

图2-2-10　添加脚本

适当调节主摄像机的位置和金币的位置，让金币能在摄影机里被看到，按播放按钮，可以在"Game"视图里看到金币在不停转动，如图2-2-11所示。

要点提示

　　脚本名字需要
和class类名字保持
一致。

读书笔记

_____
_____
_____
_____

图2-2-11　转动效果

知识链接

　　想让物体能被
触碰，需要添加碰
撞器Collider组件，
圆柱体Cylinder在被
创建时会自动添加
Capsule Collider组
件。"Is Trigger"
选项让对象成为一
个触发器，当被其
他碰撞器碰撞时会
触发OnTriggerEnter
事件。

4. 金币可被触碰

选中"coin"对象，在"Inspector面板"找到Capsule Collider组件，鼠标点击勾选"Is Trigger"选项，如图2-2-12所示。

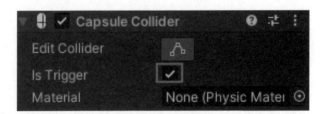

图2-2-12　设置触碰

完善CoinControl脚本，当金币被玩家（标签是Player）触碰时，销毁自己。部分代码如下：

```
public class CoinControl : MonoBehaviour
{
    void Update()
    {
        //金币自转，每秒转动90度
        transform.Rotate(Vector3.forward*90*Time.deltaTime);
    }
    //触发调用
    private  void OnTriggerEnter(Collider other)
    {   //如果碰撞的物体的标签是Player
        if (other.tag=="Player")
        {
            Destroy(gameObject);  //销毁自己，金币消失
        }
    }
}
```

代码提示
　　素材文件夹
"SuCai→Scripts"
中附带"CoinControl
_02"脚本，内含本
小节完整代码。

读书笔记
_____
_____
_____
_____

【任务小结】

通过任务2的学习，我知道了＿＿＿＿＿＿＿＿＿＿＿＿＿＿＿＿，
学会了运用＿＿＿＿＿＿＿＿＿＿＿。

【自我评价】

说明：满意20分，一般10分，还需努力5分。

完成本任务学习后，请同学们在相应评价项打"√"，完成自我
评价。并通过评价肯定自己的成功，弥补自己的不足。

	任务完成	问题解答	笔记补充	技能迁移	团队合作
满意（20）					
一般（10）					
努力（5）					

任务3 制作游戏玩家

【任务描述】

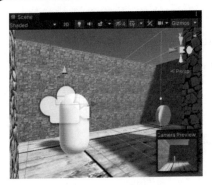

图2-3-1 游戏玩家模型效果图

任务目标:
学习胶囊Capsule基本建模
学习用摄影机模拟人眼
学习刚体的使用
学习用标签表示重要物体
学习用脚本控制玩家移动

【建模思路】

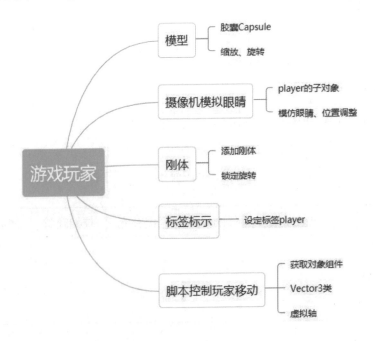

游戏玩家

- 模型
  - 胶囊Capsule
  - 缩放、旋转
- 摄像机模拟眼睛
  - player的子对象
  - 模仿眼睛、位置调整
- 刚体
  - 添加刚体
  - 锁定旋转
- 标签标示
  - 设定标签player
- 脚本控制玩家移动
  - 获取对象组件
  - Vector3类
  - 虚拟轴

【功能简介】

胶囊模仿游戏玩家，摄影机模仿眼睛，第一人称视角控制胶囊在迷宫中移动，键盘可以控制前后左右移动，鼠标可以控制左右视角方向，当遇到金币时发生碰撞。

【操作步骤】

1. 制作游戏玩家模型

在"Hierarchy"层级面板中右键弹出菜单，点击"3D Object→Capsule"命令创建一个胶囊体，并命名为Player，如图2-3-2所示。

图2-3-2　创建胶囊

选中对象Player的Transform组件，复位重置，通过缩放、旋转，让Player立在地面上，正方向蓝轴Z朝向金币，方便调试，如图2-3-3所示。

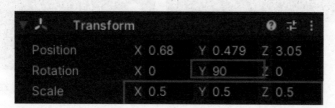

图2-3-3　重置复位

2. 摄影机模仿眼睛

在"Hierarchy"层级面板中，将摄影机"Main Camera"拖曳到对象Player上成为其子对象，并调整摄影机位置，放置在Player的眼睛位置，如图2-3-4所示。

知识链接

由于人体眼睛、手、脚各部位功能比较复杂，一般用和人体形状相似的胶囊体来替代人体。

读书笔记

_____

_____

_____

_____

知识链接

为了让人体移动的时候摄影机也跟着移动，可以把摄影机设置成玩家Player的子对象。

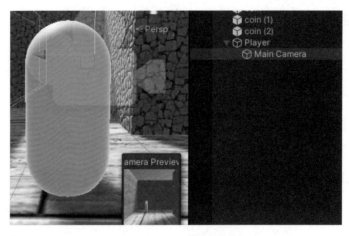

图2-3-4　设置眼睛

3. 添加刚体组件

　　选中对象Player，在"Inspector面板"中点击按钮"Add Component"，在搜索栏里填上Rigidbody，如图2-3-5所示。

　　设置冻结旋转Freeze Rotation，如图2-3-6所示。

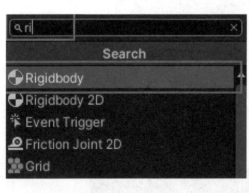

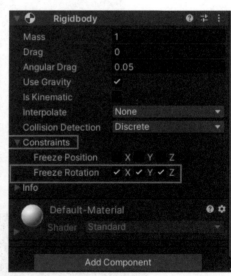

图2-3-5　添加刚体　　　　图2-3-6　设置冻结旋转

4. 给Player对象设定标签

　　选定对象Player，在"Inspector面板"点击Tag下拉列表，选择Player，如图2-3-7所示。

图2-3-7　设定Player标签

知识链接

　　在场景中一般会有多个对象，需要给重要对象设定标签Tag，比如玩家设定Player标签，敌人设定Enemy标签等，方便在脚本中引用。

　　Unity中内置了7个标签，菜单项"Add Tag..."可以添加其他名字的标签。

5. 控制玩家移动

新建脚本，在"Assets → Scripts"文件夹中新建C#脚本"PlayerControl"，如图2-3-8所示。

读书笔记

_____

_____

_____

_____

图2-3-8　新建玩家脚本

将脚本"PlayerControl"拖曳到对象Player上，给对象"Player"添加脚本。

双击脚本"PlayerControl"，进入编辑状态，部分代码如下：

知识链接
　　使用虚拟轴的方式来控制玩家移动。

```
public class PlayerControl : MonoBehaviour
{
    //刚体
    private Rigidbody rBody;

    void Start()
    {
        rBody = GetComponent<Rigidbody>();
    }

    void Update()
    {
        //获取垂直轴
        float vertical = Input.GetAxis("Vertical");
        //获取水平轴
        float horizontal = Input.GetAxis("Horizontal");
        //移动
        if(vertical != 0 || horizontal != 0)
        {
            //前后移动
            transform.position += transform.forward * 3 * Time.deltaTime * vertical;
            //左右移动
            transform.position += transform.right * 2 * Time.deltaTime * horizontal;
        }

        //获取鼠标X轴
        float mouseX = Input.GetAxis("Mouse X");
        //旋转角色
        transform.Rotate(Vector3.up, mouseX * 50 * Time.deltaTime);
```

代码提示
　　素 材 文 件 夹 "SuCai→Scripts" 中附带 "PlayerControl_02" 脚本, 内含本小节完整代码。

想一想
　　为什么不需要再获取虚拟轴鼠标Y轴?

_____

_____。

```
        }
    }
```

按播放按钮，在"Game"视图里的玩家可以看到金币在不停转动，键盘W/S键、↑/↓键控制玩家前进和后退，键盘A/D键、←/→键控制玩家左右移动。转动鼠标，视角会跟着鼠标移动，碰到金币，金币会消失，如图2-3-9所示。

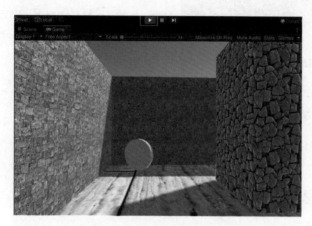

图2-3-9　玩家视角效果

【任务小结】

通过任务3的学习，我知道了_____，
学会了运用_____。

【自我评价】

说明：满意20分，一般10分，还需努力5分。

完成本任务学习后，请同学们在相应评价项打"√"，完成自我评价。并通过评价肯定自己的成功，弥补自己的不足。

	任务完成	问题解答	笔记补充	技能迁移	团队合作
满意（20）					
一般（10）					
努力（5）					

任务4　添加文字和声音

【任务描述】

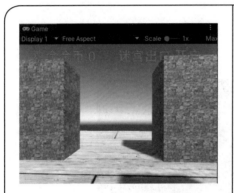

图2-4-1　游戏效果图

任务目标:
学习3D Text文字使用
学习将文字始终显示在摄影机前
学习声音使用
学习脚本使用

【建模思路】

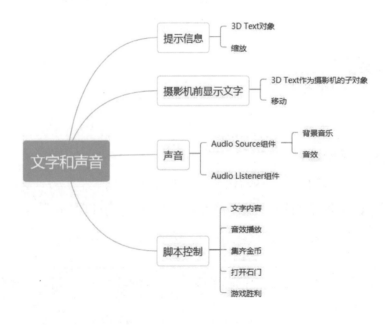

【功能简介】

开始游戏后，播放背景音乐，屏幕上方动态显示游戏信息。收集金币时播放声音，集齐3枚金币后，播放打开石门的声音，石门消失玩家可以离开迷宫，玩家通过石门走出迷宫后，游戏胜利，停止游戏。

【操作步骤】

1. 制作提示信息

在"Hierarchy"层级面板中右键弹出菜单，新建"3D Object→3D Text"命令创建3D Text对象，并命名为Message，如图2-4-2所示。

选中对象Message，在"Inspector"面板中对Text Mesh组件进行设置，文字变清晰，如图2-4-3所示，效果如图2-4-4所示。

知识链接
文字用3D Text对象显示是方法之一。

知识链接
重要参数介绍：
Text：文字内容
Character Size：字符大小
Font Size：字体大小
Color：字体颜色

图2-4-2　创建文字对象　　　图2-4-3　设置组件

图2-4-4　文字效果

2. 摄影机前显示文字

在"Hierarchy"面板，将文字对象Message拖曳到摄影机"Main Camera"对象上成为其子对象，如图2-4-5所示。

图2-4-5　设成子对象

知识链接
把文字对象设置成摄影机对象的子对象，可以让文字的位置跟随摄影机的位置一起变动。

调整Message位置，放置在摄影机"Main Camera"前面合适的位置，如图2-4-6所示，运行效果如图2-4-7所示。

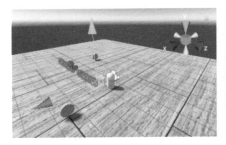 

　　图2-4-6　调整位置　　　　　图2-4-7　运行效果

3. 添加声音

添加音源，在"Hierarchy"面板新建空对象并重命名为"AudioManager"，在"Inspector"面板点击"Add Component"按钮添加Audio Source组件，如图2-4-8所示。

图2-4-8　添加音源组件

添加背景音乐文件，选择"AudioManager"对象，显示"Inspector面板→Audio Source组件"，点击"Project面板→Assets→SuCai→Sound"，选取"BgMusic"对象拖动到"Inspector面板→Audio Source组件→AudioClip属性"上，勾选Loop属性，如图2-4-9所示。

图2-4-9　添加背景音乐

运行游戏，可以听到背景音乐BgMusic循环播放。

添加音效，新建脚本"AudioManager"，拖曳到对象AudioManager上，添加脚本。

双击脚本"AudioManager"，进入编辑状态，部分代码如下：

```
public class AudioManager : MonoBehaviour
{   public static AudioManager Instance;
//声明公有变量，方便在面板拖曳联结石门爆破声音
    public AudioClip bomb;
//声明公有变量，方便在面板拖曳联结金币声音
    public AudioClip coin;


    private AudioSource player;
    //比Start（）更早执行
void Awake()
    {
        //获取AudioManager对象
Instance =this;
//获得组件AudioSource
        player=GetComponent<AudioSource>();
    }
    public void PlayBomb(){
        player.PlayOneShot(bomb); //播放一次爆破声音
    }
    public void PlayCoin(){
        player.PlayOneShot(coin); //播放一次金币声音
    }
}
```

如图2-4-10所示，将音效文件联结脚本变量。

知识链接
金币音效"coin"，破开石门音效"bomb"，满足条件时才播放，一般用脚本来控制。

知识链接
Unity中常用的音频格式有WAV，MP3，AIF，OGG等。

想一想
这里选用Awake()比选用Start()有什么好处？
_____
_____
_____
_____
_____

代码提示
素材文件夹中"AudioManager_01"脚本，内含本小节完整代码。

图2-4-10　音效文件联结脚本变量

　　完善CoinControl脚本，当金币被玩家（标签是Player）触碰时，播放音效"coin"，销毁自己。部分代码如下：

```
public class CoinControl : MonoBehaviour
{
    void Update()
    {
        //金币自转，每秒转动90度
        transform.Rotate(Vector3.forward*90*Time.deltaTime);
    }
    //触发调用
    private  void OnTriggerEnter(Collider other)
    {   //如果碰撞的物体的标签是Player
        if (other.tag=="Player")
        {
            //播放吃金币的声音
            AudioManager.Instance.PlayCoin();
            //销毁自己
            Destroy(gameObject);
        }
    }
}
```

　　运行游戏，背景音乐BgMusic循环播放，移动玩家到金币处，播放吃金币音效coin，金币消失。

4. 脚本控制

当玩家碰到金币时，除了播放音效，让金币消失外，还有下列事项需要处理：

◆根据当前金币的数量，修改Message对象显示内容；

◆金币数为0时播放迷宫石门破开的声音、销毁石门、修改Message对象显示内容。

添加金币管理对象，在"Hierarchy"面板新建空对象并重命名为"CoinManager"，将3枚金币对象拖入成为其子对象，如图2-4-11所示。

图2-4-11　添加金币管理对象

新建脚本"CoinManager"，拖曳到对象CoinManager上，添加脚本，如图2-4-12所示。

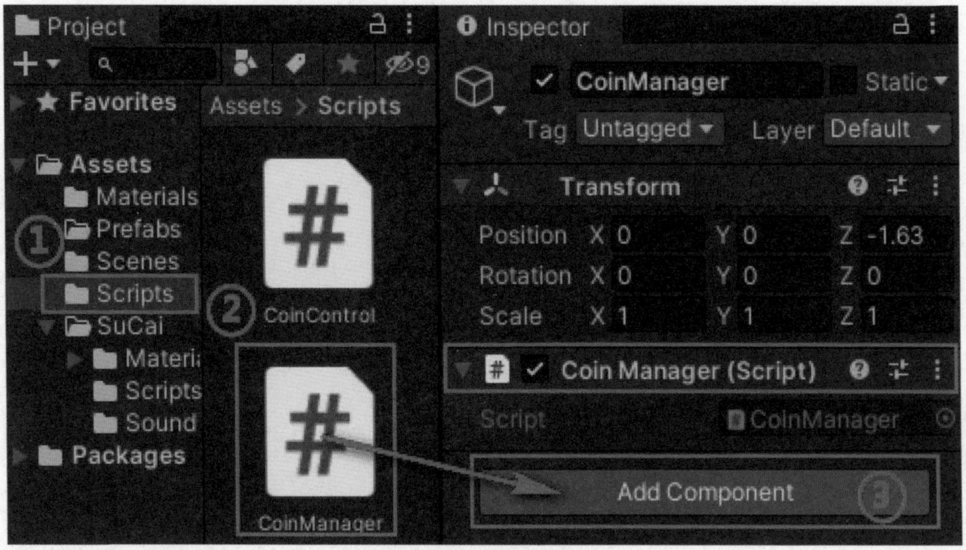

图2-4-12　新建脚本

想一想
如果要重命名脚本可以在磁盘上找到对应文件直接改文件名吗？
——————————
——————————
——————————
——————————

读书笔记
——————————
——————————
——————————

双击脚本"CoinManager",进入编辑状态,部分代码如下:

```
public class CoinManager : MonoBehaviour
{
    //通过外部对象和脚本变量联结,获取石门对象Door
    public GameObject Door;
    public float CoinsCount;
    //通过外部对象和脚本变量联结,获取文字对象Message
    public TextMesh Message;

    void Update()
    {
        //获取金币管理对象中子对象的数量,也就是现存金币的数量
        CoinsCount=transform.childCount;
        //如果剩余金币数为0
        if (CoinsCount<=0)
        {
            //播放销毁迷宫门时候的爆炸声效Bomb
            AudioManager.Instance.PlayBomb();
            //销毁迷宫门
            Destroy(Door);
            //修改显示文字内容
            Message.text="剩余金币:" +CoinsCount+"迷宫出口:开启";
            //销毁自己
            Destroy(gameObject);
        }
        else {
            //修改显示文字内容
            Message.text="剩余金币:" +CoinsCount+"迷宫出口:关闭";
        }
    }
}
```

代码提示
　　素材文件夹中
"CoinManager_01"
脚本,内含本小节
完整代码。

如图2-4-13所示，将外部对象联结脚本变量。

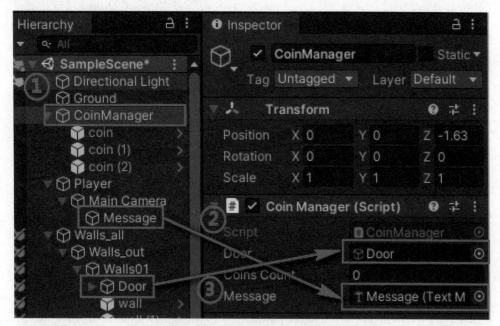

图2-4-13　对象联结脚本

知识链接
　　对象和变量联结后，脚本可以通过变量"Message""Door"引用脚本外部对象"Message"和"Door"。

　　运行游戏，背景音乐循环播放，文字显示，移动玩家到金币处，播放金币音效，金币消失，文字显示内容变化，吃完3枚金币后，播放石门爆破音效，石门消失，文字显示石门开启。

　　5. 游戏胜利

　　当玩家集齐金币破开石门，移动到迷宫石门出口外时，显示"恭喜你获得胜利！"，游戏停止。

　　添加石门出口外位置检测，在"Hierarchy"面板新建立方体Cube，重命名为"Finish"，Scale缩放X为4（如图2-4-15所示②），使其比石门稍大，移动位置到紧贴迷宫石门的外侧，如图2-4-14所示。

读书笔记

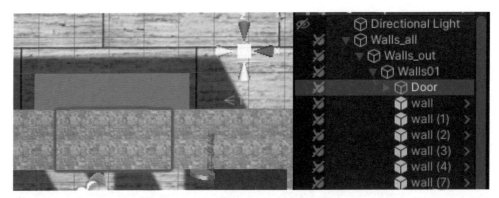

图2-4-14　新建对象"Finish"

　　设定渲染器Mesh Renderer组件为不可用（如图2-4-15所示③），设定碰撞器Box Collider组件的"Is Trigger"选项为可用（如图2-4-15所示④），变为触发器，如图2-4-15所示。

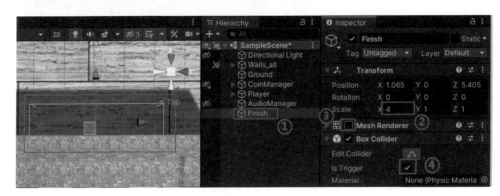

图2-4-15　设定组件

　　新建脚本"Finish"，拖曳到对象Finish"上，添加脚本。
　　双击脚本"Finish"，进入编辑状态，部分代码如下：

```
public class Finish : MonoBehaviour
{
//通过外部对象和脚本变量联结，获取文字对象Message
public TextMesh Message;

//触发调用
private  void OnTriggerEnter(Collider other)
{ //如果碰撞的物体的标签是Player
if (other.tag=="Player")
```

```
    {
        //修改显示文字内容
        Message.text="恭喜你获得胜利！";
        //游戏时间停止
        Time.timeScale=0;
    }
  }
}
```

如图2-4-16所示，将外部对象联结脚本变量。

图2-4-16　对象联结脚本

运行游戏，吃完3枚金币石门消失后，移动玩家到迷宫石门外侧，发生触碰，视图上方文字显示"恭喜你获得胜利！"，游戏时间停止，游戏结束，如图2-4-17所示。

图2-4-17　游戏效果

知识链接

对象和变量联结后，脚本可以通过变量"Message"引用脚本外部对象"Message"。

想一想

为什么游戏胜利后显示的文字"恭喜你获得胜利！"会向Game视图的左边移动？

_____

_____

_____

_____

问题摘录

_____

_____

_____

_____

【任务小结】

通过任务4的学习，我知道了 _____ ，

学会了运用 _____ 。

【自我评价】

说明：满意20分，一般10分，还需努力5分。

完成本任务学习后，请同学们在相应评价项打"√"，完成自我评价。并通过评价肯定自己的成功，弥补自己的不足。

	任务完成	问题解答	笔记补充	技能迁移	团队合作
满意（20）					
一般（10）					
努力（5）					

项目3 答题游戏——界面制作

项目目标：

在本章内容中，我们将通过制作答题游戏这一项目介绍Unity的UGUI系统。同时，通过实战让大家了解如何在项目中添加和设置Canvas，Panel，Text，Button，Image等控件。

项目要点：

- ◆ 制作"登录界面"
- ◆ 制作"开始界面"
- ◆ 制作"设置界面"
- ◆ 制作"说明界面"
- ◆ 制作"游戏界面"

任务1 制作登录界面

【任务描述】

在游戏开始前，往往会打开登录界面，我们可以使用已注册的账号、密码登录游戏。在本任务的学习中，我们将使用Unity搭建一个登录界面，并设计完成账号的验证登录。在本任务的学习过程中，可使用账号"Admin"，密码"123"进行登录体验。如果输错账号或密码，将会出现相应的提示信息。

【项目描述】

图3-1-1 登录界面效果图

任务目标：

搭建登录界面

实现账号验证

了解如何从Asset Store中下载资源

掌握Canvas，Panel，Text，InputField等控件

【学习思路】

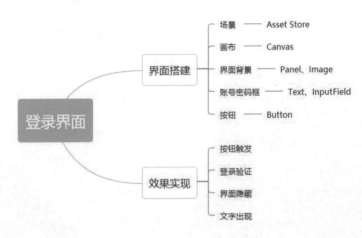

【操作步骤】

（一）搭建界面

1. 导入场景，设置游戏背景

（1）创建项目。

（2）Window菜单下点击Asset Store打开商店，如图3-1-2所示。

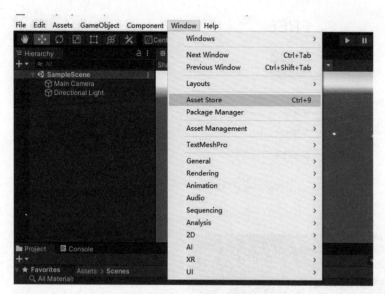

图3-1-2　打开Unity商店

（3）打开商店后，可查看里面的所有资源，搜索找到所需的资源，如：3D Free Modular Kit，如图3-1-3所示。

图3-1-3　搜索资源"3D Free Modular Kit"

（4）找到资源后点击下载按钮，下载资源，如图3-1-4所示。资源下载完成后，直接点击导入，即可生成一个Package，再Import导入到项目中即可，如图3-1-5所示。

图3-1-5　导入资源操作

Event System事件系统：
用于控制各类事件。

（5）找到Assets文件夹下的"Test_Map"场景，如图3-1-6所示。修改场景中的灯光和摄像机。

图3-1-6　"Test_Map"场景保存路径示意图

2. 创建画布Canvas并设置参数

（1）在Hierarchy视图中空白处鼠标右键→UI→Canvas直接创建画布，如图3-1-7所示。

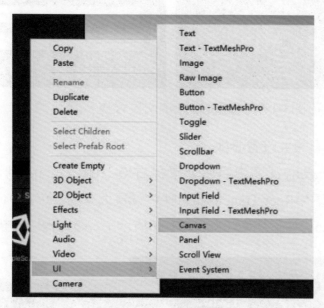

图3-1-7　创建画布

创建完画布之后，系统自动创建一个Event System组件，这是UI的事件系统。

（2）在Inspector视图中Canvas组件里找到Render Mode，设置其为Screen Space-Overlay，如图3-1-8所示。

图3-1-8　创建画布

3. 创建面板并设置参数

在Hierarchy视图中空白处鼠标右键→UI→Panel创建面板。在Inspector视图中Image组件里Color属性设置透明度为0，如图3-1-9所示。

Canvas参数解密
Render Mode：渲染模式。
1.Screen Space-Overlay
这种渲染模式表示Canvas下的所有的UI控件永远位于屏幕的前面，不管有没有相机，UI元素永远在屏幕最前面，主要是2D效果。
2.Screen Space-Camera
这种渲染模式Canvas和摄像机之间有一定的距离，可以在摄像机和Canvas之间播放一些粒子特效，主要是3D效果。
3. World Space
这种模式下Canvas就和普通的3D物体一样了，可以控制它的大小，旋转，缩放等。

Panel参数解密
Source Image：
设置面板背景
Color：设置颜色及透明度

Image参数解密
Source Image 是要显示的源图像，要想把一个图片赋给Image，需要把图片转换成精灵（Sprite）格式。
Color：设置应用在图片上的颜色及透明度。
Image Type：设置贴图类型。
Material：设置应用在图片上的材质。

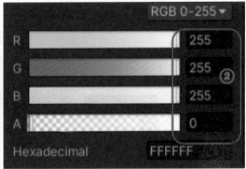

图3-1-9　Color属性透明度设置操作示意图

4. 界面背景并设置参数

在Hierarchy视图中空白处鼠标右键→UI→Image创建图像，在Inspector视图中Rect Transform组件中设置大小为300*200，Image组件里Source Image设置图案（如图3-1-10所示），Color设置透明度为0。

如何将图片转换成精灵格式？
技能提示：
① 将图片导入Assert文件夹下的Images文件夹中；
② 单击图片，在Inspector视图中设置Texture Type为Sprite（2D and UI）；
③点击Sprite Editor按钮，在弹出的对话框中点击Apply按钮，进行应用并确认。

图3-1-10　Source Image属性图片设置操作示意图

5. 创建文本并设置参数

（1）在Hierarchy视图中空白处鼠标右键→UI→Text创建文本，重命名为"zhanghao"。在Inspector视图中Rect Transform组件里设置大小和位置，Color设置透明度为0，Text组件中设置文本为"账号："如图3-1-11所示。文本效果如图3-1-12所示。

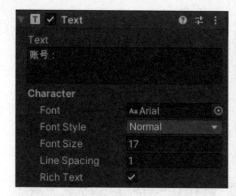

图3-1-11　账号文本参数设置

图3-1-12　文本效果图

（2）根据上述步骤制作密码文本和提示文本，其中提示文本字体颜色为红色，如图3-1-13、图3-1-14所示。

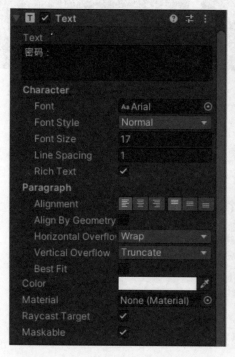

图3-1-13　密码文本参数设置

图3-1-14　提示文本参数设置

6. 创建输入框并设置参数

在Hierarchy视图中空白处鼠标右键→UI→InputField创建输入框。在Inspector视图中Rect Transform组件里设置大小和位置，并重复一次该操作。输入框效果如图3-1-15所示。

选择两个输入框的Text子控件，重命名为"Text_zhanghao""Text_mima"。

Text参数解密：

Font：设置字体；

Font Style：设置字体样式；

Font Size：设置字体大小；

Line Spacing：设置行间距；

Rich Text：设置富文本；

Alignment：设置文本在Text框中的水平以及垂直方向上的对齐方式；

Horizontal Overflow：设置水平方向上溢出时的处理方式，分Wrap（隐藏）、Overflow（溢出）两种；

Vertical Overflow：设置垂直方向上溢出的处理方式，分Truncate（截断）、Overflow（溢出）两种；

Best Fit：设置当文字多时自动缩小以适应文本框的大小；

7. 创建按钮并设置参数

（1）在Hierarchy视图中空白处鼠标右键→UI→Button创建按钮。在Inspector视图中Rect Transform组件里设置大小和位置，如图3-1-16所示。

（2）选择Text子控件，重命名为"Text_button"，并在Inspector视图中设置文本属性为"确定"。

想一想
　　InputField由几个控件组成，每个控件的作用是什么？
_____
_____
_____
_____

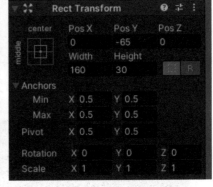

图3-1-15　输入框效果图　　　图3-1-16　按钮参数设置

（二）功能实现

在搭建完登录界面后，为了更好地实现与用户的交互，我们需要通过代码控制控件的属性。

1.在Scripts文件夹内新建一个C# Script并命名为UI_panel。将该脚本拖曳到"Button"按钮上进行挂接。

2.在代码中使用public声明外部物体。

```
public GameObject panel;
public Text text_tishi;
public Text strUser;
public InputField strPW;
```

3.选择"Button"控件，在Inspector视图中Button组件里OnClick（）中选择物体和函数进行关联，如图3-1-17、图3-1-18所示。

图3-1-17　选择物体

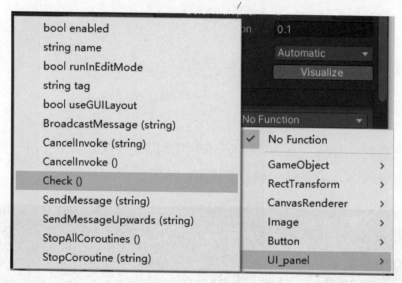

图3-1-18　选择函数

4.选择"Button"控件，在Inspector视图UI_panel中设置对应的外部物体，如图3-1-19所示。

图3-1-19　设置外部物体

5.判断账号、密码是否正确。

```
public void Check()
{
//判断账号、密码是否正确,正确则界面隐藏，错误出现提示
    if (strUser.text == "admin" && strPW.text == "123")
    {//实现登录界面隐藏
        panel.SetActive(false);
    }
    else
    {//出现提示文字
        text_tishi.text = "账号或密码错误";
    }
}
```

在素材文件夹"sucai→Scripts"中附带了"CoinControl"脚本，里面含有本小节的完整代码，如图3-1-20所示。

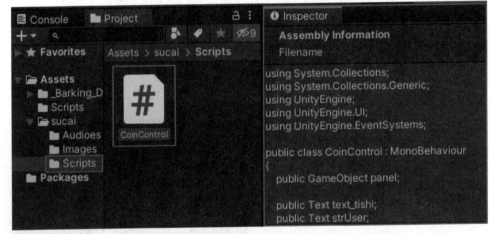

图3-1-20 代码图

【任务小结】

通过任务1制作登录界面的学习与实践操作，我学会了在Unity中通过_____命令创建UI控件，通过修改_____组件的参数设置控件的大小和位置。

【自我评价】

说明：满意20分，一般10分，还需努力5分。

完成本任务学习后，请同学们在相应评价项打"√"，完成自我评价。并通过评价肯定自己的成功，弥补自己的不足。

自评项目	任务完成	问题解答	笔记补充	技能迁移	团队合作
满意（20）					
一般（10）					
努力（5）					

【知识扩展】

1. Canvas简介

Canvas就是画布的意思，在UGUI中Canvas是所有UI的根结点，也就是说每一个UI组件都必须在Canvas下，一旦脱离了画布，该组件就不可用。

创建画布有三种方式：

一是通过菜单直接创建（Game Object→UI→Canvas命令直接创建）；

二是在Hierarchy视图中空白处鼠标右键→UI→Canvas直接创建画布；

三是直接创建一个UI组件时自动创建一个容纳该组件的画布。

不管用哪种方式创建画布，系统都会自动创建一个名为EventSystem的游戏对象，上面挂载了若干与事件监听相关的组件可供设置。

2. Image简介

Image控件用来显示非交互式图像，通常用作装饰、图标、背景等，它除了两个公共的组件Rect Transform与Canvas Renderer外，默认的情况下就只有一个Image组件。

3. Text简介

Text控件也称为标签，用于输入将显示的文本。它可以设置字体、样式、字号等内容。它与Image类似，除两个公共组件外，默认只有一个Text组件。

4. InputField简介

在交互过程中，但凡用户能进行输入的，都是InputField控件。InputField控件是UGUI的重要部分，可以提供文本输入功能，实现与用户交互。

它是一个复合控件，包含Placeholder和Text两个子控件，如图3-1-21所示。其中，Text是文本控件，程序运行时显示用户所输入的内容。InputField Input Caret是程序运行后才会自动生成的，表示输入文字的光标。

InputField除了两个公共组件外，还有Image组件和InputField组件。Image组件的属性在之前已经讲解过，这里就不再赘述。下面我们主要了解InputField组件后半部分的属性，如图3-1-22所示。

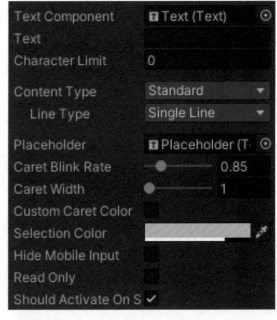

图3-1-21 InputField控件　　图3-1-22 InputField控件部分属性

Text Component：

文本组件，指定InputField要控制的Text组件，并将用户输入的内容放到Text组件的text中。

Character Limit：

限制输入的字符串的长度，一般一个中文是两个长度，一个英文是一个字符串长度，所以设置长度为3的话，则能输入3个英文字母，或者一个中文字。

Content Type：

设置输入内容的类型，如：Standard（标准类型）、Integer Number（整数类型）、Decimal Number（十进制数）、Alpha numeric（文字和数字）、Name（姓名类型）、Password（密码类型，让输入字符显示为星号*）等；

Placeholder：显示提示文字的Text；

Caret Blink Rate：光标闪烁频率；

Caret Width：光标宽度；

Custom Caret Color：自定义光标颜色；

Selection Color：选中文本颜色等。

任务2　制作开始界面

【任务描述】

在账号验证登录后，我们会进入游戏的开始界面，在该界面我们可以选择查看游戏说明、设置游戏或者直接进入游戏。在本任务的学习中，我们将使用Unity搭建一个开始界面，设计完成"开始""设置""说明"三个命令按钮，并实现相应的界面跳转功能。

【项目描述】

3-2-1　开始界面效果图	任务目标： 搭建开始界面 实现界面跳转
	了解RawImage控件 掌握Panel与Button控件

【学习思路】

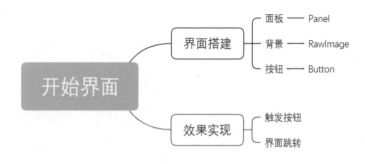

【操作步骤】

（一）搭建界面

1.创建面板并设置参数

（1）在Hierarchy视图中，选择"Canvas"的情况下，鼠标右键→UI→Panel创建面板，并命名"StartPanel"，如图3-2-2所示。

Panel简介

　　Panel控件又叫面板，面板实际上就是一个容器，在其上可放置其他UI控件。当移动面板时，放在其中的UI控件就会跟随移动，这样可以更加合理与方便地移动与处理一组控件。一个功能完备的UI界面往往会使用多个Panel容器控件，而且一个面板里还可套用其他面板。

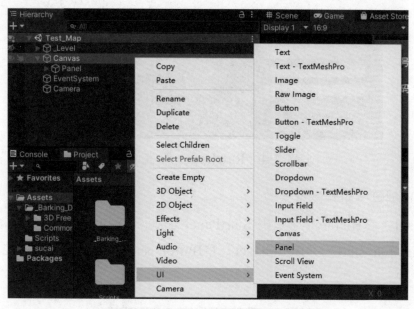

图3-2-2　创建面板

（2）在选择"StartPanel"面板的状态下，点击Inspector视图中Image组件里Color属性，设置透明度为0，如图3-2-3所示。

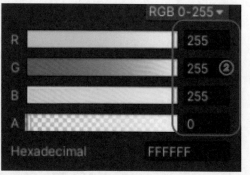

图3-2-3　Color属性透明度设置操作示意图

2. 创建界面背景并设置参数

（1）在Hierarchy视图中，选择"Panel"的情况下，鼠标右键→UI→RawImage创建图像

（2）在Inspector视图中Rect Transform里设置width为300、height为200，RawImage组件里Texture设置材质，Color设置透明度为255，如图3-2-4所示。

学习思考
　　Unity还有一个图像控件——RawImage。它与Image有着相似的属性，但又不同。请思考它们的不同之处。
_____
_____
_____
_____

尝试解答：
　　请用RawImage控件设置界面背景。

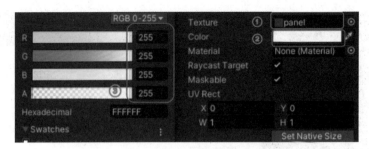

图3-2-4　RawImage 属性设置

3. 创建按钮并设置参数

（1）在Hierarchy视图中StartPanel面板下创建3个按钮，分别命名为"Button_start""Button_set""Button_shuoming"，如图3-2-5所示。

图3-2-5　创建按钮组

（2）在Inspector视图中Rect Transform组件里设置大小和位置。在Text子控件中设置文本。

4. 设置按钮参数

在Inspector视图中Button组件里设置鼠标在按钮区域的颜色和鼠标按下时的颜色，如图3-2-6所示。

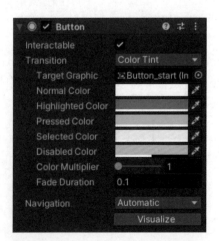

图3-2-6　Button参数设置

（二）功能实现

在搭建完开始界面后，场景中出现了两个面板，我们要设置面板的初始状态，在登录界面中点击按钮实现面板的切换，同时我们要创建脚本实现对开始面板中控件的控制。

1.在"UI_panel"脚本中设置面板初始状态。

```
void Start(){
    panel.SetActive(true);
    panel_start.SetActive(false);
}
```

2.在"UI_panel"脚本中实现面板的切换，即账号密码验证正确后登录面板隐藏，开始面板出现。

3.在Scripts文件夹内新建一个C#Script并命名为UI_startpanel。将该脚本分别拖曳到"Button_start""Button_set""Button_shuoming"按钮上进行挂接。

4.点击按钮实现开始面板隐藏。

（1）在"UI_startpanel"脚本中声明外部物体；

```
public GameObject panel_start;
```

（2）分别选择三个按钮，在Inspector视图UI_startpanel中设置对应的外部物体，如图3-2-7所示；

3-2-7　选择对应游戏控件

（3）在"UI_startpanel"脚本中，创建Click_start()、Click_set()、Click_shuoming()三个函数；

（4）在函数中设置面板隐藏：

```
panel_start.SetActive(false);
```

（5）分别选择三个按钮，在Button组件里关联"UI_startpanel"脚本里的三个方法。以"Button_start"按钮为例，如图3-2-8所示。

图3-2-8　关联方法

在素材文件夹"sucai→Scripts"中附带了"CoinControl_01"脚本和"CoinControl_02"，"CoinControl_01"里面含有"UI_panel"脚本修改后的完整代码，"CoinControl_02"里面含有"UI_startpanel"脚本内本节课任务的完整代码。如图3-2-9所示。

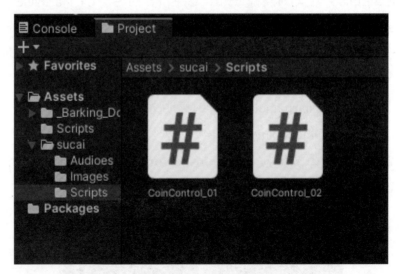

图3-2-9　代码图

【任务小结】

通过任务2的制作开始界面学习，我学会了通过使用_____ _____ 控件制作非交互式图像，通过修改_____组件的_____ 设置文字大小。

【自我评价】

说明：满意20分，一般10分，还需努力5分。

完成本任务学习后，请同学们在相应评价项打"√"，完成自我评价。并通过评价肯定自己的成功，弥补自己的不足。

自评项目	任务完成	问题解答	笔记补充	技能迁移	团队合作
满意（20）					
一般（10）					
努力（5）					

【知识扩展】

1. Button简介

Button控件又称按钮控件，是游戏开发中最常使用的控件之一。用户点击该按钮后，启动某些操作或进行确认操作。Button是一个复合控件，其中还包含一个Text子控件，通过此子控件可设置Button上显示的文字的内容、字体、文字样式、文字大小、颜色等，与前面所讲的Text控件是一样的。Button控件除了具有公共的Rect Transform与Canvas Renderer两个UI组件外，还默认拥有Image与Button两个组件。Image组件里的属性与前面介绍的是一样的。下面我们主要介绍Button组件中的Transition属性的三种状态。

1.Color Tint（颜色过渡），如图3-2-10所示。

Target Graphic：用于显示颜色变化的Image；

Normal Color：正常颜色；

Higlighted Color：鼠标在按钮区域上显示的颜色；

Pressed Color：按下鼠标时显示的颜色；

Selected Color：选择该按钮时的颜色；

Disabled Color：不能交互时的颜色；

Color Multiplier：颜色系数（最终颜色=Image颜色*状态颜色*颜色系数，影响上面的所有状态的颜色）；

Fade Duration：渐变时间（一种状态切换至另一种状态时，颜色渐变切换所需时长，单位为秒）。

2. Sprite Swap（精灵交换过渡），如图3-2-11所示。

Target Graphic：默认Image；

Highlighted Sprite：鼠标进入按钮区域时显示的图片；

Pressed Sprite：鼠标按下按钮时显示的图片；

Selected Sprite：选中按钮时显示的图片；

Diabled Sprite：不能交互时显示的图片。

3. Animation（动画过渡），如图3-2-12所示。

Animation：此方式需要了解Unity动画系统后才知道如何使用；

Normal Trigger：正常Trigger；

Highlighted Trigger：高亮Trigger；

Selected Trigger：选中Trigger；

Disabled Trigger：无效Trigger；

Auto Generate Animation：自动生成动画。

图3-2-10　颜色过渡属性　　　图3-2-11　精灵交换过渡属性

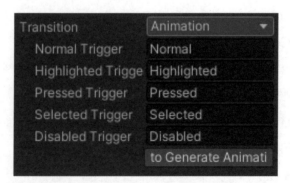

图3-2-12　动画过渡属性图

任务3 制作设置界面

【任务描述】

在开始界面点击设置按钮后，我们会进入游戏的设置界面。在该界面我们可以设置是否开启背景音乐和调节背景音乐音量大小。在本任务的学习中，我们将使用Unity搭建一个设置界面，并通过Toggle实现背景音乐的控制，通过Slider实现音量的调整。

【项目描述】

3-3-1 设置界面效果图

任务目标：
搭建设置界面
实现音量控制

掌握Toggle、Slider控件

【学习思路】

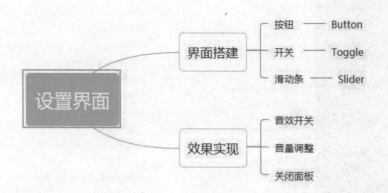

思考填写
　　Toggle由几个控件组成，每个控件的作用是什么？
＿＿＿＿＿＿
＿＿＿＿＿＿
＿＿＿＿＿＿
＿＿＿＿＿＿
＿＿＿＿＿＿

【操作步骤】

（一）搭建界面

1. 创建面板并设置参数

（1）在Hierarchy视图中，选择"Canvas"的情况下，鼠标右键

→UI→Panel创建面板，并命名为"SetPanel"。

（2）在Inspector视图中Image组件里Color属性设置透明度为0。

2. 创建界面背景并设置参数

（1）在Hierarchy视图中，选择"SetPanel"的情况下，鼠标右键→UI→Image创建图像。

（2）在Inspector视图中，Rect Transform组件里设置大小为300*200，Image组件里Source Image设置图案，Color设置透明度为255。

3. 创建文本并设置参数

（1）在Hierarchy视图中，选择"SetPanel"的情况下，鼠标右键→UI→Text创建文本，重命名为"Text_bgm"。

（2）在Inspector视图中Rect Transform组件里设置大小和位置，Text组件中,设置文本内容为"背景音效"。

4. 创建Toggle并设置参数

（1）在Hierarchy视图中，选择"StartPanel"的情况下，鼠标右键→UI→Toggle按钮创建开关，如图3-3-2所示，重命名为"Toggle_bgm"。

知识扩展
　　Toggle控件可以单独使用，也可以以组为单位使用。

尝试解答
　　现在请你以组为单位设置背景音效的开关。

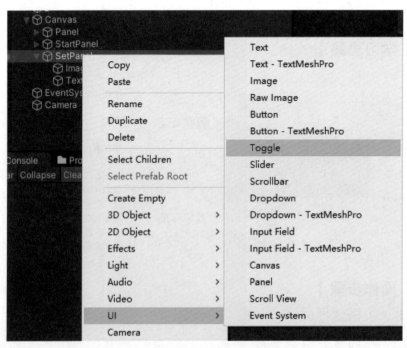

图3-3-2　创建开关

（2）选择其Label子控件，在Text组件中设置文本为"开启"。

5. 创建Slider并设置参数

（1）在Hierarchy视图中，选择"StartPanel"的情况下，鼠标右键→UI→Slider按钮创建滑块，命名为"Slider_bgm"。

（2）在其Fill Area子控件下的Fill控件的Image组件中设置Color属性，设置颜色为蓝色。

（3）为Slider添加3个Text子控件，命名为"Text_low""Text_height""Text_bgsade"，如图3-3-3所示。三个控件的文字分别设置为"低""高""音量"。

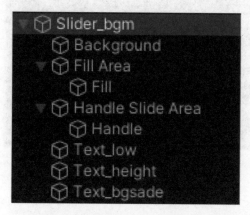

图3-3-3　添加Text子控件组

6. 创建Button并设置参数

（1）在Hierarchy视图中，选择"StartPanel"的情况下，鼠标右键→UI→Button创建按钮，命名为"Button_close"，并删除Text子控件。

（2）在Inspector视图中Rect Transform组件里设置大小和位置，Image组件里Source Image属性中设置图片。

7. 创建Audio Source并设置参数

（1）在Hierarchy视图中空白处鼠标右键→Audio→Audio Source创建音频。

（2）在Inspector视图中Audio Source组件里设置音乐，勾选Play On Awake和Loop，如图3-3-4所示。

提示
　　2个Toggle控件须在同一组里。可利用空控件创建组。

思考填写
　　Slider由几个控件组成，每个控件的作用是什么？
_____
_____
_____
_____

Audio Source参数解密

Audio Clip：要播放的音频；

Output：音源输出；

Mute：设置是否静音；

Bypass Effects：音源滤波开关；

Bypass Listener Effects：监听器滤波开关；

Bypass Reverb Zones：回音混淆开关；

Play On Awake：启动后立即播放；

Loop：设置循环播放；

Priority：设置播放优先级；

Volume：设置音量；

Pitch：设置音调；

Stereo Pan：设置声道占比；

Spatial Blend：设置空间混合。

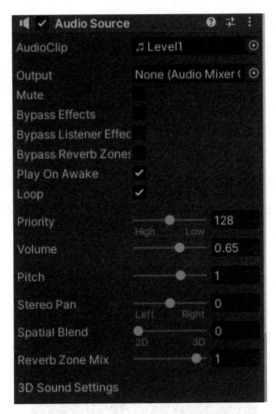

图3-3-4　Audio Source参数设置

（二）功能实现

在搭建完设置界面后，场景中出现了三个面板，我们要更新"UI_panel"脚本中面板的初始状态，在"UI_startpanel"脚本中实现面板的切换，同时我们要创建脚本实现对设置面板中控件的控制。

1.在"UI_panel"脚本中设置更新面板初始状态，增加设置面板的隐藏。

panel_set.SetActive(false);

2.在"UI_startpanel"脚本中实现面板的切换。

3.在Scripts文件夹内新建一个C#Script并命名为"UI_setpanel"。

4.设置初始音量。

storySound.volume = slider.value;

5.设置背景音乐的开关。

public void ToggleChange()

```
    {
        if (toggle.isOn )
        { storySound.Play(); }
        else
        { storySound.Stop(); }
    }
```

6.设置音乐音量的调整。

```
public void slider_change()
    {
        storySound.volume = slider.value;
    }
```

7.关闭设置面板。

```
public void Click()
    {
        panel_start.SetActive(true);
        panel_set.SetActive(false);
    }
```

8.将"UI_setpanel"脚本挂在"Toggle_bgm" "Slider_bgm" "Button_close"三个控件上,并进行关联。

在素材文件夹"sucai→Scripts"中附带了"CoinControl_01"脚本、"CoinControl_02"脚本、"CoinControl_03"脚本,"CoinControl_01"里面含有"UI_panel"脚本修改后的完整代码,"CoinControl_02"里面含有"UI_startpanel"脚本修改后的完整代码,"CoinControl_03"里面含有"UI_setpanel"内本节课任务的完整代码。

【任务小结】

通过任务3制作设置界面的学习,我学会了通过_____控件控制音乐的播放,通过_____控件修改_____参数设置音量大小。

【自我评价】

说明：满意20分，一般10分，还需努力5分。

完成本任务学习后，请同学们在相应评价项打"√"，完成自我评价。并通过评价肯定自己的成功，弥补自己的不足。

自评项目	任务完成	问题解答	笔记补充	技能迁移	团队合作
满意（20）					
一般（10）					
努力（5）					

【知识扩展】

1. Toggle简介

Toggle控件是一个复合型控件，如图3-3-5所示。它有Background与Label两个子控件，而Background控件中还有一个Checkmark子控件。Background是一个图像控件，而其子控件Checkmark也是一个图像控件，Label控件是一个文本框，通过改变它们所拥有的属性值，即可改变Toggle的外观，如颜色、字体等。

图3-3-5　Toggle

Toggle组件前面属性与Button组件相同，下面我们主要了解Toggle组件后半部分的属性，如图3-3-6所示。

Is On：设置复选框默认是开还是关；

Toggle Transition：设置渐变效果；

Graphic：用于切换背景，更改为更合适的图像；

Group：设置多选组。

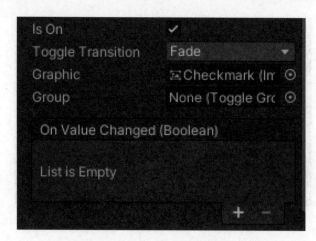

图3-3-6　Toggle部分属性图

2. Slider简介

Slider控件是一个复合控件，Background是背景，默认颜色是白色，Fill Area是填充区域，Handle Slide Area是滑块区，如图3-3-7所示。

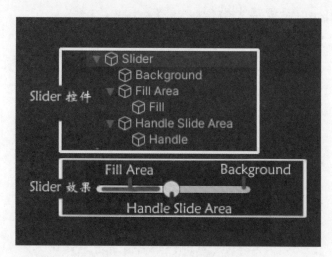

图3-3-7　Slider控件及效果

Slider组件前面属性与Button组件相同，下面我们主要了解其后半部分的属性，如图3-3-8所示。

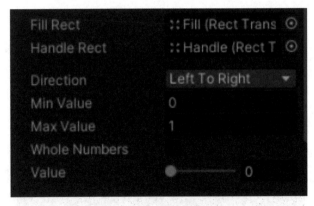

图3-3-8　Slider部分属性

Fill Rect：设置填充矩形区域；

Handle Rect：设置手柄矩形区域；

Direction：设置Slider的摆放方向；

Min Value：设置最小数值；

Max Value：设置最大数值；

Whole Numbers：设置整数数值；

Value：设置滑块当前的数值。

任务4　制作说明界面

【任务描述】

在开始界面点击说明按钮后，我们会进入游戏的说明界面。在该界面我们可以查看游戏相关说明。在本任务的学习中，我们将使用Unity搭建一个说明界面，并通过Scroll View控件中的Scrollbar控件进行拖曳查看全部内容。

【项目描述】

图3-4-1　说明界面效果图

任务目标：
搭建设置界面
实现界面跳转

了解Scrollbar控件
掌握Scroll View控件的基本设置

【学习思路】

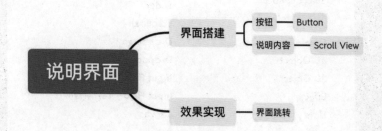

【操作步骤】

（一）搭建界面

1. 创建面板并设置参数

（1）在Hierarchy视图中，选择"Canvas"的情况下，鼠标右键→UI→Panel创建面板，并命名为"DescriptionPanel"。

（2）在Inspector视图中Image组件里Color属性设置透明度为0。

Button扩展：

通过修改Button的Image组件中Source Image属性可以制作各种精美的图片按钮，也可以结合代码制作出类似Toggle的功能。

087

2. 创建界面背景并设置参数

（1）在Hierarchy视图中，选择"DescriptionPanel"的情况下，鼠标右键→UI→Image创建图像。

（2）在Inspector视图中，Rect Transform组件里设置大小为300*200，Image组件里Source Image设置图案，Color设置透明度为255。

3. 创建Button并设置参数

（1）在Hierarchy视图中，选择"DescriptionPanel"的情况下，鼠标右键→UI→Button创建按钮,命名为"Button_close"，并删除Text子控件。

（2）在Inspector视图中Rect Transform组件里设置大小和位置，Image组件里Source Image属性中设置图片。

4. 创建Scroll View并设置参数

（1）在Hierarchy视图中，选择"DescriptionPanel"的情况下，鼠标右键→UI→Scroll View创建滚动视图，如图3-4-2所示。

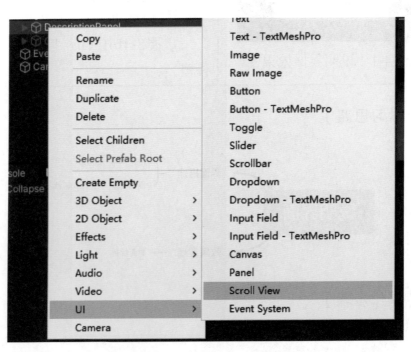

图3-4-2　创建Scroll View

（2）选择Viewport子控件下的Content控件，鼠标右键→UI→Image创建图像。

（3）在Inspector视图中Rect Transform组件里设置大小和位置，Image组件里Source Image属性中设置图片。

（二）功能实现

在搭建完设置界面后，场景中出现了四个面板，我们要更新"UI_panel"脚本中面板的初始状态，在"UI_startpanel"脚本中实现面板的切换，同时我们要创建脚本实现对设置面板中控件的控制。

1.在"UI_panel"脚本中设置更新面板初始状态，增加设置面板的隐藏。

2.在"UI_startpanel"脚本中实现面板的切换。

3.在Scripts文件夹内新建一个C#Script并命名为UI_shuomingpanel。

4.关闭设置面板。

```
public void Click()
    {
        panel_start.SetActive(true);
        panel_shuoming.SetActive(false);
    }
```

5.将该脚本拖曳到"Button_close2"按钮上挂接，并进行关联。

在素材文件夹"sucai→Scripts"中附带了"CoinControl_01"脚本、"CoinControl_02"脚本、"CoinControl_03"脚本、"CoinControl_04"脚本，"CoinControl_01"里面含有"UI_panel"脚本修改后的完整代码，"CoinControl_02"里面含有"UI_startpanel"脚本修改后的完整代码，"CoinControl_04"里面含有"UI_shuomingpanel"内本节课任务的完整代码。

【任务小结】

通过任务4制作说明界面的学习，我学会了当遇到我们要呈现的内容超出显示屏外的情况时，可以使用_____控件。

注意

设置参数时，Image的大小要大于Scroll View的大小，才会出现滚动条。

【自我评价】

说明：满意20分，一般10分，还需努力5分。

完成本任务学习后，请同学们在相应评价项打"√"，完成自我评价。并通过评价肯定自己的成功，弥补自己的不足。

自评项目	任务完成	问题解答	笔记补充	技能迁移	团队合作
满意（20）					
一般（10）					
努力（5）					

【知识扩展】

Scroll View简介

Scroll View控件又称滚动视图，当我们要呈现的内容特别多，超出了屏幕的显示范围时，就可以使用到Scroll View。通过Scroll View用户可以在指定区域内拖曳而查看内容的全貌。Scroll View控件是一个复合型控件，包含了3个子控件，如图3-4-3所示。

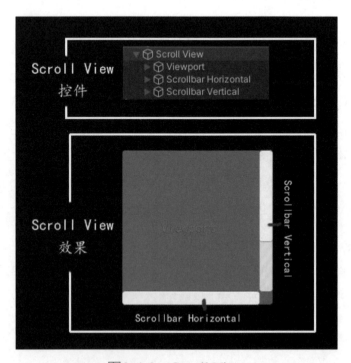

图3-4-3　Scroll View

其中Scrollbar Horizontal和Scrollbar Vertical都是Scrollbar控件，只不过一个水平放置表示水平移动，一个垂直放置表示竖直移动。Viewport为显示区域。

Scroll View控件有两个组件：Image和Scroll Rect。这里我们主要了解Scroll Rect组件的属性，如图3-4-4所示。

图3-4-4　Scroll Rect属性图

Content：要展示的内容，其他UI控件，一般默认为Viewport子控件下的Content；

Horizontal：设置水平方向是否可以拖曳；

Vertical：设置垂直方向是否可以拖曳；

Movement Type：设置移动类型；

Inertia：设置是否具有惯性；

Scroll Sensitivity：设置使用滚轮和触控板滚动时的灵敏度。

任务5 制作游戏界面

【任务描述】

在开始界面点击开始按钮后，我们会进入游戏界面。在该界面我们可以进行答题，回答正确退出游戏；回答错误，你所选择的答案将变红色，正确答案变绿色。在本任务的学习中，我们将使用Unity搭建一个游戏界面，并通过修改Text控件中的Color属性进行提示。

【项目描述】

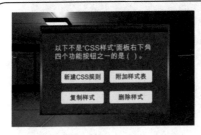	任务目标： 搭建设置界面 实现游戏提示
图3-5-1　游戏界面效果图	掌握对字体颜色的修改

【学习思路】

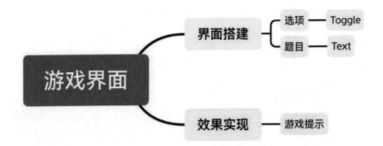

知识扩展
颜色修改有两种方式：
①通过代码修改Text组件的Color属性
②勾选富文本后，在Text组件的Text属性里直接用HTML语言编写。

【操作步骤】

（一）搭建界面

1. 创建面板并设置参数

（1）在Hierarchy视图中，选择"Canvas"的情况下，鼠标右键→UI→Panel创建面板，并命名"GamePanel"。

（2）在Inspector视图中Image组件里Color属性设置透明度为0。

2. 创建界面背景并设置参数

（1）在Hierarchy视图中，选择"GamePanel"的情况下，鼠标右键→UI→Image创建图像。

（2）在Inspector视图中，Rect Transform组件里设置大小为300*200，Image组件里Source Image设置图案，Color设置透明度为255。

3. 创建文本并设置参数

（1）在Hierarchy视图中，选择"GamePanel"的情况下，鼠标右键→UI→Text创建文本。

（2）在Inspector视图中Rect Transform组件里设置大小和位置，Text组件中设置文本内容（内容即题目）。

4. 创建选项

（1）在Hierarchy视图中，选择"GamePanel"的情况下，鼠标右键→Create Empty创建空物体，如图3-5-2所示。

（2）选择"GameObject"，在Inspector视图中点击"Add Component"按钮，选择"Toggle Group"，如图3-5-3所示。

想一想
能否使用Button完成按钮的制作？

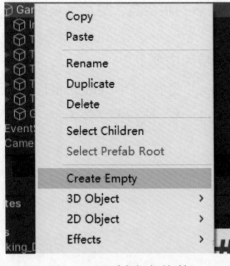
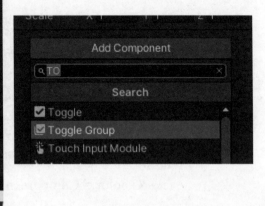

图3-5-2　创建空物体　　　　　图3-5-3　创建开关组

（3）在Hierarchy视图中，选择"GamePanel"的情况下，鼠标右键→UI→Toggle，重命名为"Toggle_A"。

（4）删除其"Background"控件下的"Checkmark"子控件。

（5）选择"Background"控件，在Inspector视图中Rect Transform组件里设置大小和位置。

（6）选择"Label"控件重命名为"Label_A"，在Inspector视图中Rect Transform组件里设置大小和位置，并在Text组件里设置其内容。

5. 采用同样的操作制作选项B、选项C、选项D，如图3-5-4所示。

图3-5-4　按钮效果图

（二）功能实现

在搭建完设置界面后，场景中出现了五个面板，我们要更新"UI_panel"脚本中面板的初始状态，在"UI_startpanel"脚本中实现面板的切换，同时我们要创建脚本实现对游戏面板中控件的控制。

1.在"UI_panel"脚本中设置更新面板初始状态，增加游戏面板的隐藏。

2.在"UI_startpanel"脚本中实现面板的切换。

3.在Scripts文件夹内新建一个C#Script并命名为UI_gamepanel。

4.通过代码修改字体颜色，以"Toggle_A"按钮上字体为例：

```
if (toggle_A.isOn == true)
    {
        text_A.color = Color.red;
        text_C.color = Color.green;
    }
    else
    {
        text_A.color = Color.black;
    }
```

5.将该脚本拖曳到"Toggle_A""Toggle_B""Toggle_C""Toggle_D"开关上进行挂接，并关联。

【任务小结】

通过任务5制作游戏界面的学习，我学会了通过代码修改_____控件的_____组件的_____参数设置字体颜色。

【自我评价】

说明：满意20分，一般10分，还需努力5分。

完成本任务学习后，请同学们在相应评价项打"√"，完成自我评价。并通过评价肯定自己的成功，弥补自己的不足。

自评项目	任务完成	问题解答	笔记补充	技能迁移	团队合作
满意（20）					
一般（10）					
努力（5）					

项目4 场景漫游——综合案例

项目目标：

本项目通过场景搭建、脚本加载、脚本运行、编辑控制器、设置摄像机等，实现人物在场景中漫游，并随着人物移动视角发生变化。

任务要点：

- ◆ 搭建交互场景——模型导入
- ◆ 导入脚本代码——脚本加载、脚本运行
- ◆ 编辑动画控制器——动画系统、动画过渡
- ◆ 创建摄像机

任务1 搭建交互场景

【任务描述】

本任务介绍如何将资源包导入Unity中，通过本任务学习将人形和环境搭建交互场景。

【项目描述】

	任务目标： 模型导入
	人形和环境搭建交互场景

【学习思路】

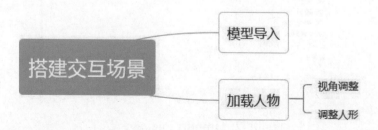

【学习过程】

在Assets面板中右击鼠标，选择Import Package→Custom package命令，如图4-1-1所示，弹出Import Package窗口，选择"sucai"文件单击"打开"按钮，如图4-1-2所示。

想一想
　　导入素材资源还有其他途径吗？
_____
_____
_____
_____

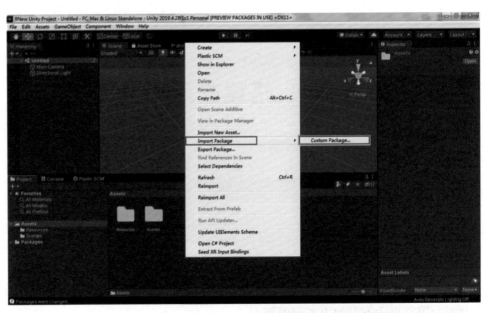

图4-1-1　导入素材

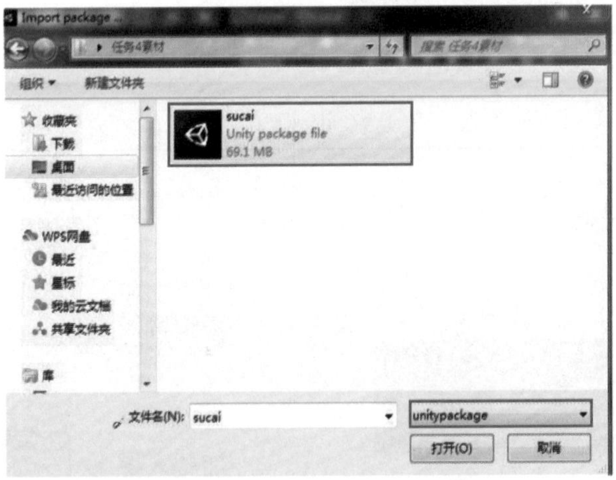

图4-1-2　Import Package窗口

读书笔记

想一想

如何保存搜索结果?

在弹出的Import Unity Package窗口中，将所有素材文件钩选，单击Import按钮，如图4-1-3所示，将资源包导入当前的项目中。

图 4-1-3　Import Unity Package窗口

在Project面板中单击All Prefabs，左边窗口显示Prefab资源列表，如图4-1-4所示。

图 4-1-4　Prefab资源列表

在Prefab资源列表中选中"CompleteLevelArt"，双击鼠标左键，将资源导入Hierarchy窗口，同时Project窗口中Assets目录下多了Prefabs文件夹，如图4-1-5所示。

想一想
　　如何按标签搜索？
_____
_____
_____
_____
_____

想一想
　　Unity支持导入模型的格式有哪些？
_____
_____
_____
_____
_____

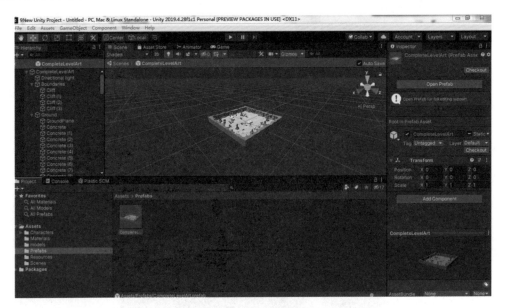

图4-1-5　资源导入

通过鼠标和键盘将场景视角调整到如图4-1-6所示。

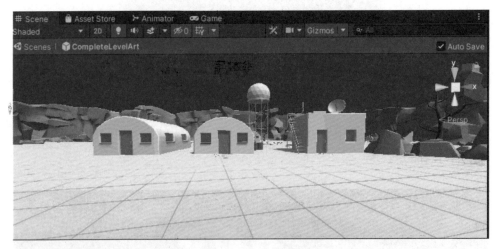

图4-1-6　视角调整

将Assets面板中导入进来的资源包中的Characters文件夹下的"U_Character_REF"人形角色模型拖曳至Hierarchy面板中，调整摄像机视角，如图4-1-7所示。

图4-1-7　将人形角色模型放置在场景中

在Hierarchy面板中单击选中"U_Character_REF"人形角色模型，在右边Inspector面板中调整Rotation Y参数调整为"180"，将人形调整方向，如图4-1-8所示。

图4-1-8　调整人形

【任务小结】

通过任务1的学习，我知道了 _____，

学会了运用 _____。

【自我评价】

说明：满意20分，一般10分，还需努力5分。

完成本任务学习后，请同学们在相应评价项打"√"，完成自我评价。并通过评价肯定自己的成功，弥补自己的不足。

自评项目	任务完成	问题解答	笔记补充	技能迁移	团队合作
满意（20）					
一般（10）					
努力（5）					

【知识扩展】

一、获取人形网格模型方法

1.使用一个过程式的人物建模工具，Poser、Makehum或Mixamo等过程式的人物建模软件。其中有些三维软件可以在建模的同时进行骨骼绑定和蒙皮操作。应该尽可能地减少人形网格的面片数量，从而更好地在Unity中使用。

2.可在Unity官网的Asset Store（在线资源商城）上购买需要的模型资源。

3.使用3ds Max、Maya、Blender等建模软件，从头创建全新的人形网格模型。

二、Unity支持的导入模型格式

Unity支持的格式有，原生的Maya文件、.ma或.mb文件、Cinema 4D文件以及一般的.FBX文件。

任务2　导入脚本代码

【任务描述】

本任务介绍如何将脚本代码导入Unity中，通过本任务学习设置人形和地图脚本。

【项目描述】

	任务目标： 脚本加载、脚本运行
	人形和环境地图添加脚本

【学习思路】

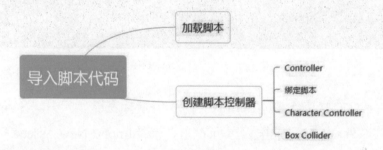

【学习过程】

在Assets面板中右击鼠标，选择Create → Folder命令，如图4-2-1所示，在Assets下创建一个文件夹。将创建的文件夹重命名为"Scripts"，如图4-2-2所示。

想一想
　导入素材资源还有其他途径吗？

_____

_____

_____

_____

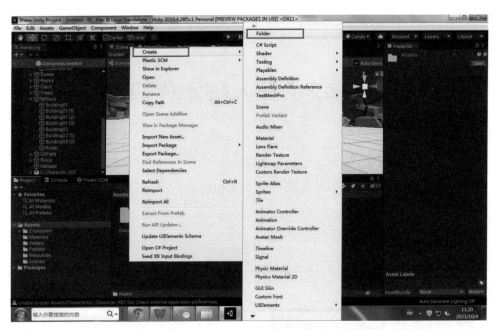

图4-2-1　创建Folder

知识链接
　　Unity支持两种脚本语言：Java Script和C#。

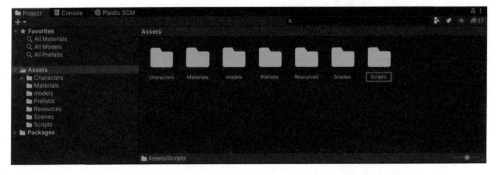

图4-2-2　文件夹重命名

想一想
　　如何保存搜索结果？
_____
_____
_____
_____
_____

　　在Assets面板中选中"Scripts"，双击鼠标左键，打开"Scripts"文件夹。在"Scripts"目录里，鼠标右击，选择Import New Assets命令，如图4-2-3所示。在弹出Import New Assets窗口中，选择"Player Controller.cs"（玩家控制器），加载脚本文件，单击"Import"按钮，如图4-2-4所示。

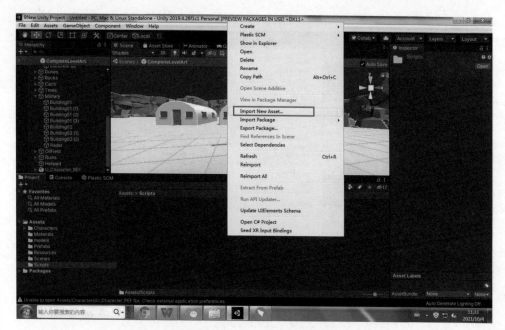

图 4-2-3　加载脚本文件

想一想
　　如何按类型搜索？

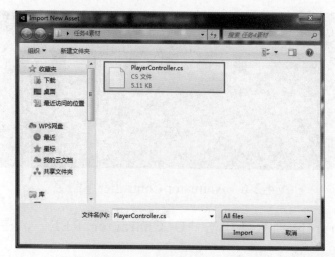

图 4-2-4　导入脚本文件

想一想
　　如何按标签搜索？

　　在Assets面板中右击鼠标，选择Create→Animator Controller命令，创建一个动画控制器，如图4-2-5所示。将新建的Animator Controller重命名为"Player Controller"，如图4-2-6所示。

知识链接
　　Animator Controller视图用来显示和控制角色的行为。

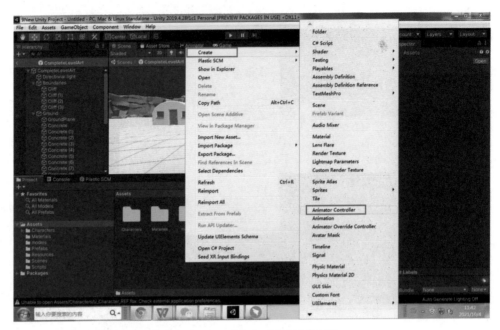

图4-2-5　创建动画控制器

知识链接
　　Animator
Controller视图包括
Animator Layer组
件、事件参数组件
和状态机自身的可
视化表达。

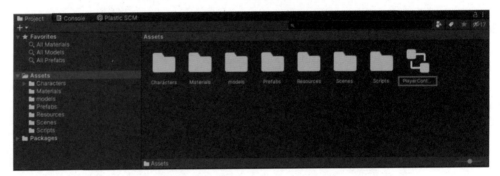

图4-2-6　Animator Controller重命名

　　在Hierarchy面板中单击"U_Character_REF"，在右边弹出
Inspector视图面板，如图4-2-7所示。

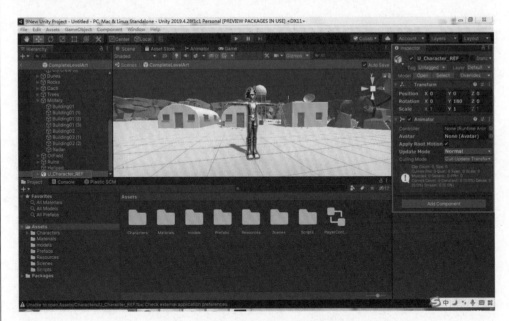

图4-2-7　Inspector视图面板

　　在Assets面板中用鼠标选中"Player Controller" Animator Controller文件，按住鼠标左键，拖曳至Inspector视图面板中"Animator"目录下"Controller"处，如图4-2-8所示。

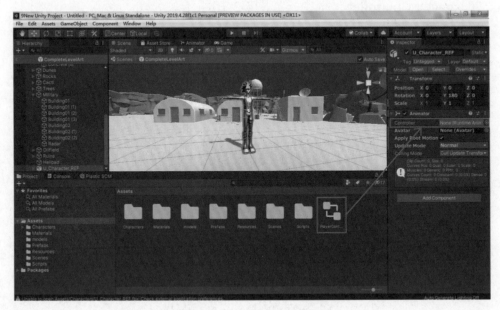

图4-2-8　Controller设置

　　在Assets面板中用鼠标选中"Player Controller" C# Scripts文件，按住鼠标左键，拖曳至Inspector视图面板中，如图4-2-9所示。

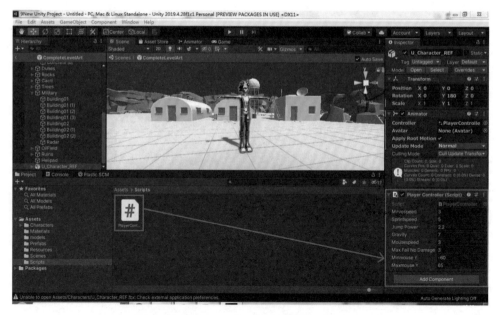

图4-2-9　绑定脚本

　　在Hierarchy视图中选择"U_Character_REF"对象，然后在Inspector视图中"Player Controller（Scripts）"目录下，鼠标单击Add Component（添加组件）按钮，在弹出的选择中选择Physics目录下"Character Controller"命令，如图4-2-10所示。

图4-2-10　选择Character Controller命令

在Inspector视图中"Character Controller"设置Center Y参数为0.81、Radius参数为0.3、Height参数为2，如图4-2-11所示。

图4-2-11　Character Controller 参数设置

在Hierarchy视图中单击"Ground"，在右边弹出Inspector视图面板，如图4-2-12所示。

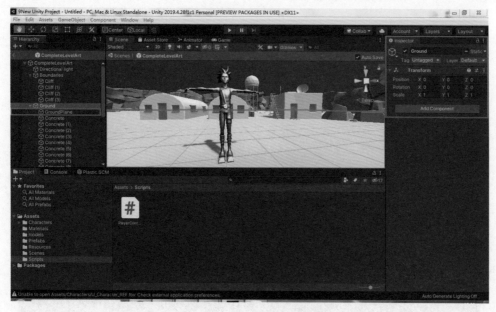

图4-2-12　选择Ground

在Inspector视图面板中"Transform"目录下，鼠标单击Add Component（添加组件）按钮，添加"Box Collider"命令，如图4-2-13所示。

图4-2-13　添加Box Collider命令

在Inspector视图面板中"Box Collider"设置Center Z参数为-1.4、Size X参数为92.8、Size Z参数为95.6，如图4-2-14所示。使绿色范围线设置场景区域。

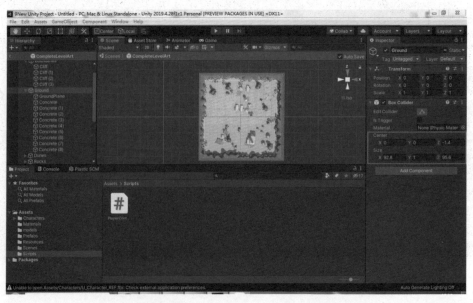

图4-2-14　Box Collider参数设置

【任务小结】

通过任务2的学习，我知道了 _____ ，
学会了运用 _____ 。

【自我评价】

说明：满意20分，一般10分，还需努力5分。

完成本任务学习后，请同学们在相应评价项打"√"，完成自我
评价。并通过评价肯定自己的成功，弥补自己的不足。

自评项目	任务完成	问题解答	笔记补充	技能迁移	团队合作
满意（20）					
一般（10）					
努力（5）					

【知识扩展】

脚本手动与对象绑定

1.选中Project视图中的脚本，按住鼠标左键不放，直接拖到
Hierarchy视图中的对象上。

2.在Hierarchy视图中选择游戏对象，然后选中Project视图中的脚
本，按住鼠标左键不放，直接拖放到Inspector视图中。

读书笔记

_____
_____
_____
_____

任务3　编辑动画控制器

【任务描述】

本任务编辑动画控制器，控制人形角色动画，设置动画状态机和动画过渡完成动画系统。

【项目描述】

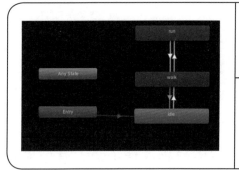

	任务目标：编辑动画控制器、设置动画状态机
	完成人形动画系统

【学习思路】

【学习过程】

鼠标单击Animator，切换到Animator面板，如图4-3-1所示。

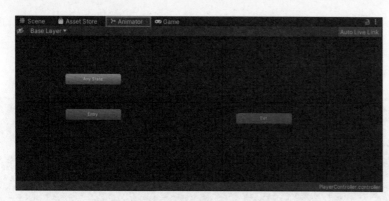

图4-3-1　切换Animator面板

在Animator面板，鼠标右键单击动画控制器中空白区域，执行
Create State→Empty命令，创建一个空的状态，如图4-3-2所示。

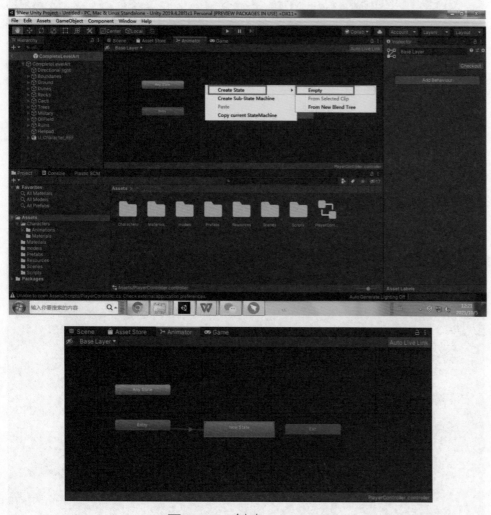

图4-3-2　创建 New State

鼠标单击New State，在Inspector面板中将其命名为idle，并指定其Motion选项为"idle"动画剪辑，如图4-3-3所示。

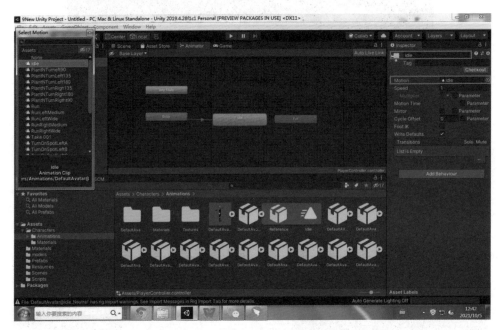

图4-3-3　添加idle动画剪辑

在Animator面板，鼠标右键单击动画控制器中空白区域，执行Create State→Empty命令，在Inspector面板中将其命名为Walk，并指定其Motion选项为"Walk"动画剪辑，如图4-3-4所示。

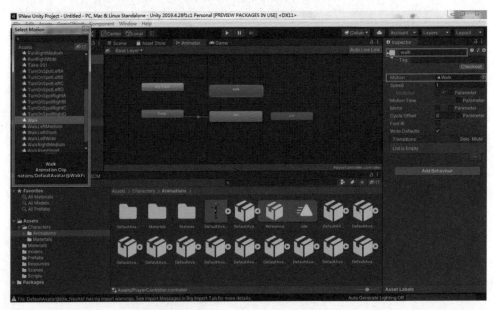

图4-3-4　添加Walk状态

在Animator面板，鼠标右键单击动画控制器中空白区域，执行Create State→Empty命令，在Inspector面板中将其命名为Run，并指定其Motion选项为"Run"动画剪辑，如图4-3-5所示。

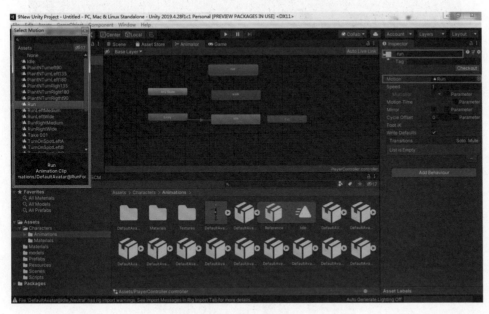

图4-3-5　添加Run状态

在动画控制器中选择idle状态，单击鼠标右键，在弹出的菜单中执行Make Transition命令，然后鼠标后会跟出一个箭头，将箭头移动到动画过渡的目标状态Walk即可。同样，添加Walk状态到Run状态的过渡，添加Run状态到Walk状态的过渡，添加Walk状态到idle状态的过渡，如图4-3-6所示。

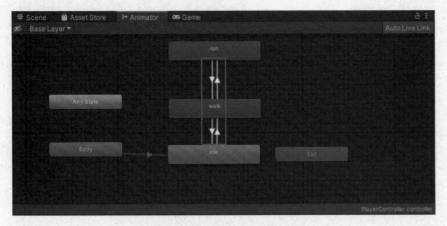

图4-3-6　添加动画过渡

知识链接
Animator Controller视图用来显示和控制角色的行为。

　　选中idle状态到Walk状态间的箭头，在Inspector面板中找到"Has Exit Time"参数选项取消勾选，如图4-3-7所示。

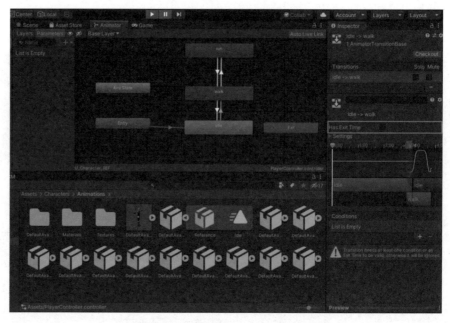

图4-3-7　设置 Has Exit Time选项

　　参照前面的方法，其余状态间箭头均取消勾选"Has Exit Time"。
　　鼠标单击菜单栏"Windows→Animator→Animator Parameters"，弹出Parameters面板，如图4-3-8所示。

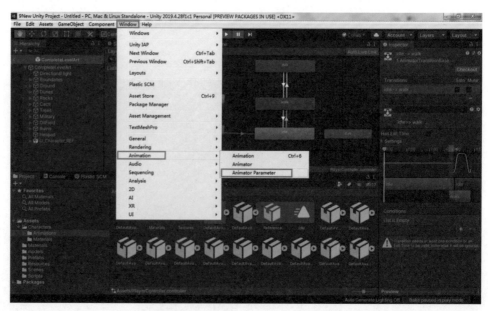

图4-3-8　调取Parameters面板

在Parameter面板中，鼠标右侧单击"+"按钮，创建两个Bool，分别重命名为"Walk"和"Run"，如图4-3-9所示。

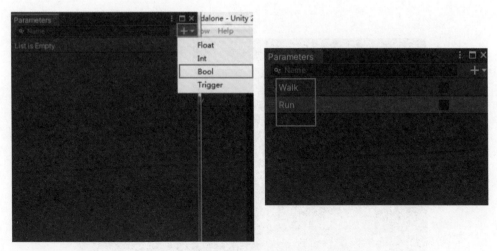

图4-3-9　创建Bool

选中idle状态到Walk状态间的箭头，在Inspector面板中找到"Conditions"单击"+"，设置"Walk"和"True"，如图4-3-10所示。

问题摘录

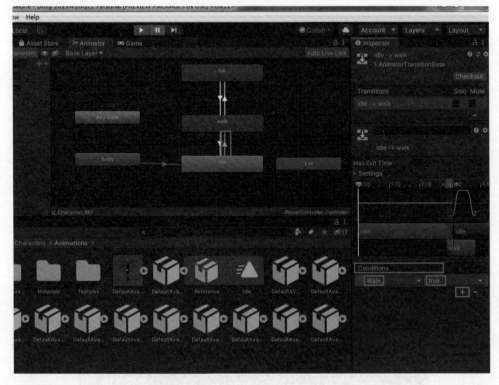

图4-3-10　Inspector设置（1）

选中Walk状态到Run状态间的箭头，在Inspector面板中找到"Conditions"单击"+"，设置"Run"和"True"，如图4-3-11所示。

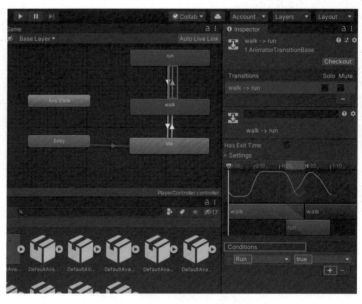

图4-3-11　Inspector 设置（2）

选中Run状态到Walk状态间的箭头，在Inspector面板中找到"Conditions"单击"+"，设置"Run"和"flase"，如图4-3-12所示。

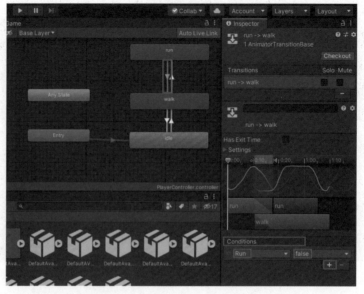

图4-3-12　Inspector 设置（3）

选中Walk状态到idle状态间的箭头，在Inspector面板中找到"Conditions"单击"+"，设置"Walk"和"flase"，如图4-3-13所示。

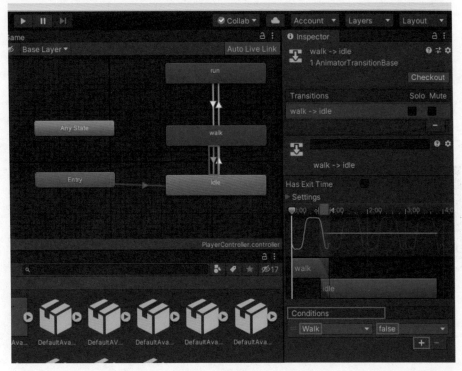

图4-3-13　Inspector 设置（4）

【任务小结】

通过任务3的学习，我知道了_____，学会了运用_____。

【自我评价】

说明：满意20分，一般10分，还需努力5分。

完成本任务学习后，请同学们在相应评价项打"√"，完成自我评价。并通过评价肯定自己的成功，弥补自己的不足。

自评项目	任务完成	问题解答	笔记补充	技能迁移	团队合作
满意（20）					
一般（10）					
努力（5）					

119

任务4　创建摄像机

【任务描述】
本任务创建摄像机，使人物视角随人物移动而改变。

【项目描述】

任务目标：设置摄像机、摄像机跟随

摄像机跟随人物移动

【学习思路】

创建摄像机 —— 新建摄像机 —— 修改摄像机视角

创建摄像机 —— 调试摄像机

读书笔记

【学习过程】
在Hierarchy视图中，鼠标单击选择"U_Character_REF"对象，如图4-4-1所示。

图 4-4-1 选择 "U_Character_REF" 对象

鼠标右击，创建 "Camera" 摄像机，如图4-4-2所示。

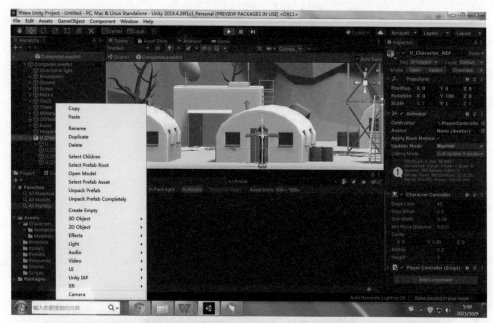

图4-4-2 创建 "Camera" 摄像机

想一想
　创建摄像机的
方法有哪些?

_____

_____

_____

_____

121

在Hierarchy视图中，单击选择"Camera"对象，利用移动工具，将摄像机视角提升，如图4-4-3所示，修改"Camera"摄像机属性，如图4-4-4所示。

图4-4-3　摄像机视角

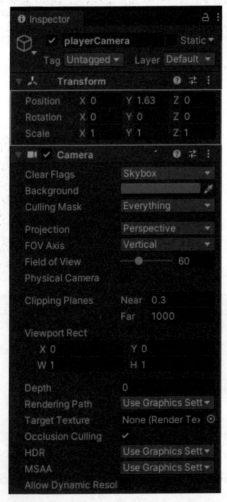

图4-4-4　"Camera"摄像机属性

选择"Camera"对象，在Inspector面板中，将Tag切换为Add Tag，如图4-4-5所示。

图4-4-5　选择Add Tag

创建Tag，点击"+"键，修改"New Tag Name"为Player Camera，单击Save保存，如图4-4-6所示。

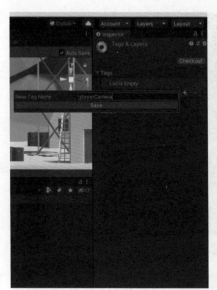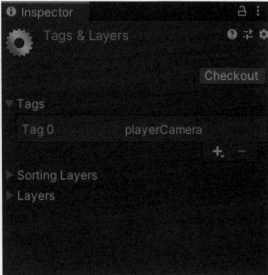

图4-4-6　创建Tag

123

选择"Camera"对象，在Inspector面板中，将Tag切换为Player Camera，如图4-4-7所示。

图4-4-7 切换 Tag

单击播放按钮▶，利用键盘W、S、A、D键移动人物，摄像机视角跟随人物移动，如图4-4-8所示。

图4-4-8 调试摄像机

保存项目和场景文件，单击菜单中"File"→"Build Settings"命令，如图4-4-9所示。

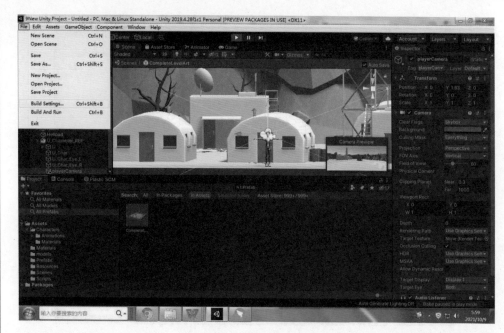

图4-4-9　Build Settings

选择"PC，Mac"平台，如图4-4-10所示。点击"Build"设置导出为"人物四发布"，如图4-4-11所示。

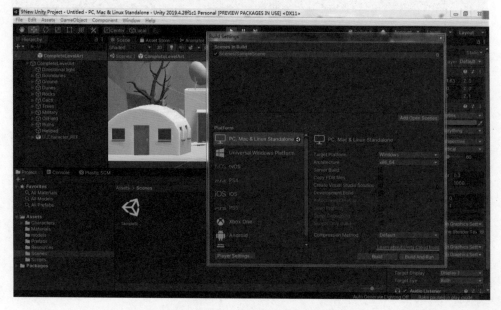

图4-4-10　设置导出平台

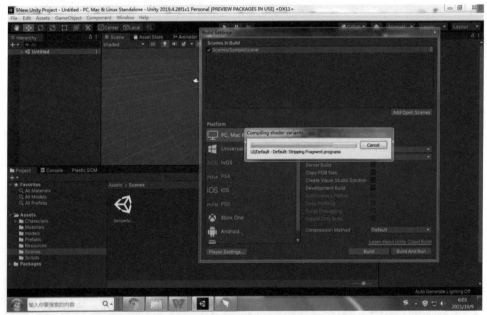

图4-4-11　输出命名

系统将做好的作品导出，如图4-4-12所示。

图4-4-12　输出内容

【任务小结】

通过任务4的学习，我知道了＿＿＿＿＿＿＿＿＿＿＿＿＿＿＿，学会了运用＿＿＿＿＿＿＿＿。

【自我评价】

说明：满意20分，一般10分，还需努力5分。

完成本任务学习后，请同学们在相应评价项打"√"，完成自我评价。并通过评价肯定自己的成功，弥补自己的不足。

自评项目	任务完成	问题解答	笔记补充	技能迁移	团队合作
满意（20）					
一般（10）					
努力（5）					